Matherätsel (nicht nur) für Begabte
der Klassen 4 bis 6

Tatiana S. Samrowski

Matherätsel (nicht nur) für Begabte der Klassen 4 bis 6

Erst wiegen, dann wägen, dann wagen!

2. Auflage

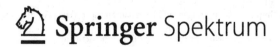

Tatiana S. Samrowski
Institut für Mathematik
Universität Zürich
Zürich, Schweiz

ISBN 978-3-662-64014-2   ISBN 978-3-662-64015-9   (eBook)
https://doi.org/10.1007/978-3-662-64015-9

Die Deutsche Nationalbibliothek verzeichnet diese Publikation in der Deutschen Nationalbibliografie; detaillierte bibliografische Daten sind im Internet überhttp://dnb.d-nb.de abrufbar.

Planung/Lektorat: Andreas Rüdinger
Springer Spektrum ist ein Imprint der eingetragenen Gesellschaft Springer-Verlag GmbH, DE und ist ein Teil von Springer Nature.
Die Anschrift der Gesellschaft ist: Heidelberger Platz 3, 14197 Berlin, Germany

Gewidmet meinem Großvater Nikolai,
meinem ersten Mathematiklehrer.

Geleitwort

Mathematikunterricht gilt in der Schule manchmal als trocken und langweilig. Oft werden die Schüler mit vielen reizlosen mechanischen Rechenaufgaben überflutet und vermissen einfach (meistens unbewusst) die interessanten und abwechslungsreichen Fragestellungen. Überlegungen zu mathematischen Fragestellungen pflegen Auffassungsfähigkeit, Einfallsreichtum und Urteilsvermögen und sind deswegen unerlässlich für die gelungene Anbindung an die moderne Gesellschaft. Die Begeisterung über ein Fach kommt mit den Erfolgen in den echten Herausforderungen, z. B. bei anwendungsbezogenen Projekten oder bei Team- und Einzelwettbewerben. Man darf aber niemanden dabei abschrecken. Das wird nicht passieren, wenn das Kind zu einem solchen Projekt oder Wettbewerb durch eine Mathematik-Arbeitsgemeinschaft oder das Selbststudium vorbereitet wird.

Das vorliegende Buch entstand aus einer Sammlung mathematischer Probleme, Rätsel und Knobeleien, die für den Unterricht der Junior Euler Society für Mathematik der Universität Zürich der Klassenstufen 3/4 und 5/6 in den Jahren 2012–2021 verwendet wurden. Die Teilnehmer der Kurse der Junior Euler Society bildeten immer, was die mathematischen Fähigkeiten anbelangt, eine recht heterogene Gruppe, waren aber meistens an der Mathematik interessierte (nicht nur hochbegabte) Kinder, die sich gern an verschiedenen Knobel-, Logik- und Mathewettbewerben beteiligten und deswegen eine entsprechende Vorbereitung benötigten. Die meisten von ihnen erzielten schon nach einem Jahr solcher Vorbereitungskurse hervorragende Resultate bei verschiedensten Wettbewerben, was uns erlaubt, aus eigener Erfahrung die folgende Aussage von George Pólya (1887–1985,

US-amerikanischer Mathematiker ungarischer Herkunft) zu bestätigen: „Wer schwimmen lernen will, muss ins Wasser gehen, und wer Aufgaben lösen lernen will, muss Aufgaben lösen."

Die theoretischen Einführungen in die klassischen Themengebiete der Olympiadenmathematik sowie die vorgelösten Beispielaufgaben ermöglichen die selbstständige Arbeit mit dem Buch. Deswegen ist es in erster Linie an die interessierten Kinder und ihre Eltern adressiert, die sich zu Mathematikwettbewerben oder Aufnahmeprüfungen für die höheren Schulen vorbereiten wollen und eventuell keine Möglichkeit haben, an dem zusätzlichen Mathematikunterricht teilzunehmen. Es wird auch extrem hilfreich für die Leiter des zusätzlichen Mathematikunterrichts bei der Suche nach geeigneten Aufgaben sein. Diese Aufgabensammlung könnte sowohl für Grundschul- und Primarlehrer als auch für Studierende Pädagogischer Hochschulen interessant sein, weil es als Begleiter oder Ergänzung zum Mathematikunterricht eingesetzt werden kann, um den Schulunterricht aufzulockern und abwechslungsreicher zu gestalten. Sie kann auch bei der Vorbereitung und Durchführung von schulinternen Veranstaltungen, Epochenunterricht und Wettbewerben verwendet werden.

Das Buch ist in 17 Kapitel unterteilt. Jedes Kapitel des Buches ist einem bestimmten Thema gewidmet und enthält eine kurze theoretische Einführung in Form von Aufgabenbeispielen mit ausführlichen Lösungsvorschlägen, Aufgaben zum selbstständigen Lösen sowie Aufgaben zur Wiederholung. Die meisten Aufgaben wurden von der Autorin formuliert oder stellen klassische Fragestellungen zu den jeweiligen Themen dar. Die entsprechenden Lösungshinweise findet man im Zusatzmaterial der elektronischen Version des jeweiligen Kapitels. Sie können aber auch bei der Autorin angefragt werden. Am Ende des Buches findet der Leser und die Leserin die nach Themen sortierte Wettbewerbsaufgaben und eine Liste der weiterführenden Literatur.

Zürich   Tatiana Samrowski
Juni 2021

Danksagung

An dieser Stelle möchte ich all den Menschen danken, die durch ihre fachliche und persönliche Unterstützung zum Erscheinen dieses Buches beigetragen haben:

Ohne meine lieben Freunde und Kollegen wäre diese Arbeit so nicht möglich gewesen. Für Gespräche, Ratschläge und Korrekturlesen bedanke ich mich ganz herzlich bei Thomas Haller, Dr. Dirk Reh, Ivana und Viera Klasovita, Richard Salnikov und Evelyne Ebneter. Ein besonderer Dank geht an Herrn Oguz Das und die gesammte Leitung von Deutschen Pangea-Wettbewerb für die jahrelange wertvolle Kooperation und das Erlaubnis durch die Pangea-Wettbewerbsaufgaben die Sammlung zu ergänzen. Für die geistreichen Bilder, die das Buch so treffend ergänzt haben, geht mein unendlicher Dank an meinen Mann. Stella Schmoll, Andreas Rüdinger, Amose Stanislaus und Prasenjit Das von Springer Spektrum danke ich für ihre Geduld, sowie für die nette und konstruktive Zusammenarbeit.

Herzlich bedanken möchte ich mich auch bei meiner ganzen Familie, die mich immer wieder ermutigte und in all meinen Entscheidungen unterstützte.

Schließlich danke ich meinen Schülerinnen und Schülern für die unermüdliche Inspiration und für die wunderschönen und extrem lehrreichen Jahre im JES-Programm.

Inhaltsverzeichnis

1

Weggelaufene Symbole

Die Zahl ist das Wesen aller Dinge.

Pythagoras von Samos

Bei den Zahlenrätseln in diesem Kapitel stehen verschiedene Buchstaben für verschiedene Ziffern, gleiche Buchstaben stehen immer für die gleichen Ziffern. Falls die gesuchten Ziffern durch Sterne ersetzt sind, gilt diese Regel nicht und die Ziffern können mehrmals vorkommen. Man darf nicht vergessen, dass die mehrstelligen Zahlen nie mit einer Null beginnen und dass die mathematischen Aufgaben nicht immer eindeutig lösbar sein müssen!

1.1 Der Anfang, der nicht immer schwer ist

Problem 1.1 Finde solche Ziffern X und Y, dass die Rechnung

$$XX \cdot XX = XYX$$

mit der zweistelligen Zahl XX und der dreistelligen Zahl XYX zu einer wahren Aussage wird.

Pythagoras von Samos, 570-510 v.Chr., griechischer Mathematiker.

Ergäzende Information Die elektronische Version dieses Kapitels enthält Zusatzmaterial, das berechtigten Benutzern zur Verfügung steht https://doi.org/10.1007/978-3-662-64015-9_1.

© Springer-Verlag GmbH Deutschland, ein Teil von Springer Nature 2022
T. S. Samrowski, *Matherätsel (nicht nur) für Begabte der Klassen 4 bis 6*,
https://doi.org/10.1007/978-3-662-64015-9_1

Lösung 1.1 Wir überlegen uns zuerst, welche zweistelligen Zahlen bei der Multiplikation mit sich selbst dreistellige Zahlen ergeben. Das sind alle zweistelligen Zahlen, die kleiner als 32 sind. Das heißt, dass für die Ziffer X nur die beiden Möglichkeiten $X = 1$ und $X = 2$ infrage kommen. Da die erste Ziffer des Produktes XYX auch X ist, muss $X = 1$ sein. Die zweite Ziffer des Produktes XYX ergibt sich, wenn wir in die Aufgabenstellung $X = 1$ einsetzen. Aus der Rechnung

$$11 \cdot 11 = 121$$

erhält man die einzig mögliche Lösung $Y = 2$.

Wir ändern die obige Aufgabe jetzt ein wenig ab und schauen uns an, wie diese Änderungen die Lösung beeinflussen:

Problem 1.2 Finde solche Ziffern X und Y, dass die Rechnung

$$XY \cdot XY = XYY$$

mit der zweistelligen Zahl XY und der dreistelligen Zahl XYY zu einer wahren Aussage wird.

Lösung 1.2 Wir halten wieder fest, dass alle zweistelligen Zahlen, welche bei der Multiplikation mit sich selbst dreistellige Zahlen ergeben, kleiner als 32 sind. Dann gibt es für die erste Ziffer X nur drei Möglichkeiten: 1, 2 oder 3. Die erste Ziffer des Produktes XYY ist auch X, dann kommt nur $X = 1$ in Frage. Die zweite und die dritte Ziffer des Produktes XYY sind gleich, somit kann XYY entweder für 100 oder für 144 stehen. Die Ziffer Y steht auch in den zweistelligen Faktoren XY. Wäre $Y = 4$, so müsste die Aufgabe lauten $14 \cdot 14 = 144$, was offensichtlich falsch ist. Die Probe mit $Y = 0$ ergibt dagegen die einzig mögliche Lösung des Rätsels:

$$10 \cdot 10 = 100$$

Wieder fügen wir eine kleine Änderung in die Aufgabenstellung ein und betrachten, wie sie sich bei der Lösung bemerkbar macht:

Problem 1.3 Finde solche Ziffern X, Y und Z, dass die Rechnung

$$XY \cdot XY = XZZ$$

mit der zweistelligen Zahl XY und der dreistelligen Zahl XZZ zu einer wahren Aussage wird.

Lösung 1.3 Genauso wie in Problem 1.2 kommt man hier zum Schluss, dass $X = 1$ und dass XZZ entweder für 100 oder für 144 stehen muss. In den zweistelligen Faktoren XY steht an der Einerstelle die Ziffer Y, im Produkt XZZ steht an der Einer- und Zehnerstelle eine andere Ziffer Z, somit wäre hier $Z = 0$ keine Lösung, weil ein solcher Ansatz zu $Y = 0$ führt, was aber nicht sein darf. Der Ansatz $Z = 4$ erfordert $Y = 2$ und führt somit auf die einzig mögliche Lösung des Rätsels:

$$12 \cdot 12 \; = \; 144$$

Das folgende Problem stellt eine typische Wettbewerbsaufgabe dar:

Problem 1.4 Löse das Zahlenrätsel:

$$
\begin{aligned}
& E\,I\,N\,S \\
+\; & E\,I\,N\,S \\
+\; & E\,I\,N\,S \\
+\; & E\,I\,N\,S \\
+\; & \underline{E\,I\,N\,S} \\
& F\,\ddot{U}\,N\,F
\end{aligned}
$$

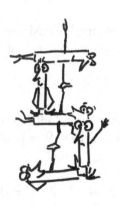

Lösung 1.4 Die letzte Ziffer S wird fünfmal aufaddiert, dann kann die Ziffer F nur 0 oder 5 sein. Da die Zahl $F\ddot{U}NF$ mit der Ziffer F *startet*, muss sie 5 sein. Aus der Tatsache, dass wir beim Aufaddieren von fünf vierstelligen Zahlen wieder eine vierstellige Zahl bekommen, folgt $E = 1$.

Beim Aufaddieren von fünf N bekommen wir wieder N. Dies ist z. B. dann möglich, wenn N gleich null ist. Dann muss $S = 1$ sein. Dies ist aber nicht möglich, weil wir 1 schon eindeutig dem Buchstaben E zugeordnet haben. Die andere Möglichkeit für N wäre die Ziffer 2, dann muss S gleich 5 sein, was auch nicht möglich ist, weil $F = 5$ ist. Ist $N = 4$, so wird $S = 9$.

Beim Aufaddieren von Ziffern I und dem Übertrag 2, darf kein Übertrag entstehen. Dies ist nur dann möglich, wenn $I = 0$ ist. Das Ausprobieren von allen anderen Ziffern für N wird jedes Mal zu einem Widerspruch führen. Somit bekommen wir eine eindeutige Lösung:

$$E = 1, \ I = 0, \ N = 4, \ S = 9, \ F = 5, \ \ddot{U} = 2.$$

Problem 1.5 Setze die Grundoperationszeichen „ + “ und „ − “, wo es notwendig ist, damit die Rechenaufgabe stimmt:

a) 5 4 3 2 1 = 11
b) 5 4 3 2 1 = 5
c) 5 4 3 2 1 = 1.

Lösung 1.5

a) Wenn man nur die Pluszeichen setzt, entsteht die Rechnung

$$5 + 4 + 3 + 2 + 1 = 15.$$

Ersetzt man ein Pluszeichen durch ein Minuszeichen vor einer Zahl, wird die Endsumme um das Doppelte dieser Zahl kleiner, z. B.:

$$5 + 4 - 3 + 2 + 1 = 9.$$

Hier wurde das Pluszeichen vor der Zahl 3 durch das Minuszeichen ersetzt, das Ergebnis wurde dabei um $15 - 9 = 6$ kleiner, und es gilt in der Tat $6 = 2 \cdot 3$.

In der Aufgabe

$$5 \quad 4 \quad 3 \quad 2 \quad 1 = 11$$

ist das Endergebnis 11. Da $(15 - 11) \div 2 = 2$, soll man vor der Zahl 2 das Minuszeichen setzen:

$$5 + 4 + 3 - 2 + 1 = 11.$$

b) In der nächsten Aufgabe

$$5 \quad 4 \quad 3 \quad 2 \quad 1 = 5$$

soll das Ergebnis 5 sein. Da $(15 - 5) \div 2 = 5$, kann man entweder vor 2 und 3 die Minuszeichen setzen (weil $2 + 3 = 5$):

$$5 + 4 - 3 - 2 + 1 = 5$$

oder vor der Zahl 5:

$$-5 + 4 + 3 + 2 + 1 = 5.$$

c) In der letzten Aufgabe

$$5 \quad 4 \quad 3 \quad 2 \quad 1 = 1$$

soll 1 rauskommen. Da

$$(15 - 1) \div 2 = 7,$$

müssen wir Pluszeichen durch Minuszeichen bei den Zahlen ersetzen, die zusammen 7 ergeben, z. B.:

$$5 - 4 - 3 + 2 + 1 = 1$$

oder

$$5 - 4 + 3 - 2 - 1 = 1.$$

Problem 1.6 Stelle mit vier Einsen die größtmögliche Zahl dar.

Lösung 1.6 Mit vier Einsen kann man folgende Zahlen zusammenstellen:

a) $1^{111} = \underbrace{1 \cdot \ldots \cdot 1}_{111 \; mal} = 1$

b) $11 \cdot 1 \cdot 1 = 11$

c) $11 \cdot 1 + 1 = 12$

d) $11 + 11 = 22$

e) $111 \cdot 1 = 111$

f) $111^1 = 111$

g) $111 + 1 = 112$

h) $11 \cdot 11 = 121$

i) 1111

j) $11^{11} = \underbrace{11 \cdot \ldots \cdot 11}_{11 \; mal} = 285\,311\,670\,611$

Somit ist 11^{11} die größtmögliche Zahl, die man aus vier Einsen erhalten kann.

Problem 1.7 Stelle die folgende arithmetische Rechenaufgabe wieder her, indem du die Sternchen durch Ziffern ersetzt: $** + ** = *98$.

Lösung 1.7 Die Summe von zwei zweistellige Zahl ist immer kleiner als 200, d. h., dass die erste Ziffer der dreistelligen Summe 1 ist und es gilt: $** + ** = 198$. Die Summe 198 kann man nur bekommen, wenn mann 99+99 rechnet.

1.2   Aufgaben zum selbstständigen Lösen

Löse die folgenden Zahlenrätsel, finde dabei alle Lösungen.

Problem 1.8

a) $J + U = JA$

b) $AB + BA = 99$

c) $AB + BA = 110$

d) $BB + BB = ABC$

e) $AB + BC + CA = ABC$

f) $BA + BA + BA = CBA$

Problem 1.9

$$
\begin{array}{r}
a) \qquad A \\
+\ AB \\
+\ \underline{ABC} \\
BCB
\end{array}
\qquad
\begin{array}{r}
b) \qquad A \\
+\ BB \\
+\ \underline{A} \\
CCC
\end{array}
\qquad
\begin{array}{r}
c) \quad ABCD \\
+\ BCCD \\
+\ \underline{BBD} \\
DDDD
\end{array}
$$

Problem 1.10

$$
\begin{array}{r}
a) \quad EINS \\
+\ \underline{EINS} \\
ZWEI
\end{array}
\qquad
\begin{array}{r}
b) \quad EINS \\
+\ EINS \\
+\ \underline{EINS} \\
DREI
\end{array}
\qquad
\begin{array}{r}
c) \quad EINS \\
+\ EINS \\
+\ EINS \\
+\ \underline{EINS} \\
VIER
\end{array}
$$

Problem 1.11

$$
\begin{array}{r}
a) \quad SEND \\
+\ \underline{MORE} \\
MONEY
\end{array}
\qquad
\begin{array}{r}
b) \quad THIS \\
+\ \underline{IS} \\
EASY
\end{array}
\qquad
\begin{array}{r}
c) \quad EAT \\
+\ \underline{THAT} \\
APPLE
\end{array}
$$

Problem 1.12

$$
\begin{array}{r}
a) \quad SPORT \\
+\ \underline{SPORT} \\
CROSS
\end{array}
\qquad
\begin{array}{r}
b) \quad BASE \\
+\ \underline{BALL} \\
GAMES
\end{array}
\qquad
\begin{array}{r}
c) \quad COCA \\
+\ \underline{COLA} \\
SODA
\end{array}
$$

Problem 1.13

$$
\begin{array}{r}
a) \quad WOMAN \\
+\ \underline{MAN} \\
CH1LD
\end{array}
\qquad
\begin{array}{r}
b) \quad NO \\
+\ \underline{4} \\
YES
\end{array}
\qquad
\begin{array}{r}
c) \quad DRAMA \\
+\ \underline{DRAMA} \\
B\ddot{U}HN6
\end{array}
$$

Problem 1.14

$$
\begin{array}{r}
a) \qquad TWO \\
+\ THREE \\
+\ \underline{SEVEN} \\
TWELVE
\end{array}
\qquad
\begin{array}{r}
b) \qquad SIX \\
+\ SEVEN \\
+\ \underline{SEVEN} \\
TWENTY
\end{array}
\qquad
\begin{array}{r}
c) \qquad TEN \\
+\ TEN \\
+\ \underline{FORTY} \\
SIXTY
\end{array}
$$

Problem 1.15 Finde solche A, B, C und D, dass beide Zahlenrätsel gleichzeitig gelöst werden:

$$\begin{array}{r} ABC \\ + \ \underline{CC} \\ AAB \end{array} \qquad \begin{array}{r} \dfrac{CC \cdot ABC}{ABC} \\ ABC \\ + \ \underline{ABC} \\ ADAC \end{array}$$

Problem 1.16

a) $X \cdot XY = ZZZ$
b) $X \cdot Y \cdot XY = YYY$
c) $XX \cdot YZ \cdot XYZ = XYZXYZ$
d) $XY \cdot YZ = XYZ$
e) $ZY \cdot XW = ZYXW$

Problem 1.17

a) $7 \cdot MÜCKEN = ZZZZZZ$
b) $TWO \cdot TWO = THREE$

Problem 1.18
$$IGREK \div IKS = ZED$$

Stelle die folgenden arithmetischen Rechenaufgaben wieder her, indem du die Sternchen durch Ziffern ersetzt. Finde dabei alle Lösungen:

Problem 1.19

$a)$ $**** - *** = 1$ $b)$ $** \cdot * - * = 1$ $c)$ $** \cdot * + * = 1$

Problem 1.20

$a)$ $1* \cdot *1 = 1*1$ $b)$ $1* \cdot *1 = 1**1$ $c)$ $1* \cdot ** = 1**1$

Problem 1.21

$a)$ $***$ $b)$ $***$ $c)$ $***$
$+$ ___ $*$ $+$ ___ $*$ $+$ ___ $*$
$***8$ $***7$ $***6$

Problem 1.22

$a)$ $**8$ $b)$ $*97$ $c)$ $8*6*$ $d)$ $8*9*$ $e)$ $9*5*$
$+$ $9*$ $+$ $9*9$ $-$ $*7*5$ $-$ $*7*6$ $-$ $*7*6$
$**30$ $+$ $79*$ 1234 $-$ $4*5*$ 3756
          $*777$ 3210

Problem 1.23

$a)$ $**\cdot136$ $b)$ $**\cdot136$ $c)$ $**\cdot136$
      $***$ $***$ $***$
$+$ $***$ $+****$ $+****$
$1**36$ $1*3*6$ $13**6$

Problem 1.24

$b)$ $6**\cdot**5$ $c)$ $**\cdot*2*3$ $d)$ $***\cdot9*$
     $4**$ $***87$ $**$
$+$ $***$ $+$ $*****$ $+$ $**$
$***6*$ $2*004*$ $**$
                              $****8$

Problem 1.25 Setze Plus- und Minuszeichen, damit die Rechnung stimmt:

a) 1 2 3 4 5 6 7 8 9 = 1
b) 1 2 3 4 5 6 7 8 9 = 3
c) 1 2 3 4 5 6 7 8 9 = 5
d) 1 2 3 4 5 6 7 8 9 = 7
e) 1 2 3 4 5 6 7 8 9 = 9
f) 1 2 3 4 5 6 7 8 9 = 11
g) 1 2 3 4 5 6 7 8 9 = 13
h) 1 2 3 4 5 6 7 8 9 = 15
i) 1 2 3 4 5 6 7 8 9 = 17
j) 1 2 3 4 5 6 7 8 9 = 19
k) 1 2 3 4 5 6 7 8 9 = 21
l) 1 2 3 4 5 6 7 8 9 = 23
m) 1 2 3 4 5 6 7 8 9 = 25
n) 1 2 3 4 5 6 7 8 9 = 27
o) 1 2 3 4 5 6 7 8 9 = 29
p) 1 2 3 4 5 6 7 8 9 = 31
q) 1 2 3 4 5 6 7 8 9 = 33
r) 1 2 3 4 5 6 7 8 9 = 35
s) 1 2 3 4 5 6 7 8 9 = 37
t) 1 2 3 4 5 6 7 8 9 = 39
u) 1 2 3 4 5 6 7 8 9 = 41
v) 1 2 3 4 5 6 7 8 9 = 43
w) 1 2 3 4 5 6 7 8 9 = 45

Problem 1.26 Füge die Operationszeichen „ + ", „ - ", „ · ", „ ÷ " sowie Klammern ein, damit die Rechnung stimmt:

a) 1 1 1 1 1 = 0
b) 1 1 1 1 1 = 1
c) 1 1 1 1 1 = 2
d) 1 1 1 1 1 = 3
e) 1 1 1 1 1 = 4
f) 1 1 1 1 1 = 5
g) 1 1 1 1 1 = 6
h) 1 1 1 1 1 = 8
i) 1 1 1 1 1 = 9
j) 1 1 1 1 1 = 10
k) 1 1 1 1 1 = 11
l) 1 1 1 1 1 = 12
m) 1 1 1 1 1 = 13
n) 1 1 1 1 1 = 14
o) 1 1 1 1 1 = 22
p) 1 1 1 1 1 = 23
q) 1 1 1 1 1 = 110
r) 1 1 1 1 1 = 120
s) 1 1 1 1 1 = 122
t) 1 1 1 1 1 = 132
u) 1 1 1 1 1 = 1221

Problem 1.27 Füge die Operationszeichen „ +", „ -", „ ·", „ ÷" sowie Klammern ein, damit die Rechnung stimmt:

a) 7 7 7 7 = 0
b) 7 7 7 7 = 1
c) 7 7 7 7 = 2
d) 7 7 7 7 = 3
e) 7 7 7 7 = 4
f) 7 7 7 7 = 5
g) 7 7 7 7 = 6
h) 7 7 7 7 = 7
i) 7 7 7 7 = 8
j) 7 7 7 7 = 9
k) 7 7 7 7 = 10
l) 7 7 7 7 = 14
m) 7 7 7 7 = 18
n) 7 7 7 7 = 111

Problem 1.28 Stelle mit Hilfe von vier Vieren, Klammern und allen möglichen Rechenzeichen (Plus „ +", Minus „ -", Mal „ ·", Geteilt „ ÷", Wurzel „ $\sqrt{}$", Fakultät „ !") die Zahlen 1 bis 20 dar.

Beispiele: $4! - 4 \div 4 - \sqrt{4} = 1 \cdot 2 \cdot 3 \cdot 4 - 1 - 2 = 21$

Problem 1.29 Stelle mit Hilfe von fünf Fünfen, Klammern und allen möglichen Rechenzeichen (Plus „ +", Minus „ -", Mal „ ·", Geteilt „÷", Wurzel „$\sqrt{}$", Fakultät „ !") die Zahlen 1 bis 20 dar.

Problem 1.30 Füge die Operationszeichen „ +", „ -", „ ·", „ ÷" sowie Klammern ein, damit die Rechnung stimmt:

a) 1 2 3 4 5 = 100,
b) 1 2 3 4 5 6 7 = 100,
c) 1 2 3 4 5 6 7 8 9 = 100.

Problem 1.31 Füge die Operationszeichen „ + ", „ - ", „ · ", „ ÷ " sowie Klammern ein, damit die Rechnung stimmt, finde dabei verschiedene Lösungsansätze:

a) 1 1 1 1 1 = 100,
b) 3 3 3 3 3 = 100,
c) 5 5 5 5 5 = 100.

Problem 1.32 Füge die Operationszeichen „ + ", „ - ", „ · ", „ ÷ " sowie Klammern ein, damit die Rechnung stimmt, finde dabei verschiedene Lösungsansätze:

a) 7 7 7 7 7 = 100,
b) 7 7 7 7 7 7 = 100,
c) 7 7 7 7 7 7 7 = 100,
d) 7 7 7 7 7 7 7 7 = 100,
e) 7 7 7 7 7 7 7 7 7 = 100.

Problem 1.33 Stelle mit

a) zwei Zweien,
b) drei Dreien,
c) vier Vieren.

die größtmögliche Zahl dar.

Problem 1.34 A und B seien Ziffern (d. h. Zahlen zwischen 0 und 9):

$$\begin{array}{r} 2AB47 \\ - \ 192BA \\ \hline 9199 \end{array}$$

Berechne den Wert des Terms $A \cdot B - (A + B)$

(A) 20   (B) 22   (C) 23   (D) 25   (E) 27

(Schweizer Pangea-Mathematikwettbewerb, Vorrunde 2016, 6. Kl., Auf. 20)

Problem 1.35 Jeder Buchstabe der folgenden Rechnung steht für eine Ziffer:

$$
\begin{array}{r}
PQ \\
+ \quad U \\
\hline
RST
\end{array}
$$

Eine Ziffer darf nicht zweimal vorkommen. PQ ist eine zweistellige Zahl und RST eine dreistellige Zahl. Außerdem ist $U = 5$. Welcher Buchstabe nimmt den kleinsten Wert an?

(A) P (B) Q (C) R (D) S (E) T

(Schweizer Pangea-Mathematikwettbewerb, Vorrunde 2017, 5. Kl., Auf. 14)

Problem 1.36 Ersetze die Striche in der folgenden Aufgabe so durch Ziffern, dass die Rechnung richtig ist:

$$
\begin{array}{r}
6\_03\_ \\
+ \quad 73\_5 \\
\hline
72\_53
\end{array}
$$

Was ist das Produkt der fehlenden Zahlen?

(A) 120   (B) 128   (C) 150   (D) 7305   (E) 72253

(Schweizer Pangea-Mathematikwettbewerb, Finale 2016, 6. Kl., Auf. 8)

2

Katze, Huhn und Elefant

Scherzhafte Beispiele haben manchmal größere Bedeutung als ernste.

Michael Stifel

Die in diesem Abschnitt angebotenen Aufgaben „über Köpfe und Beine" sind klassische arithmetische Fragestellungen, die man sowohl algebraisch, d. h. mit einer Gleichung, als auch arithmetisch durch das Analysieren und das Verstehen von Zusammenhängen in der gegebenen Situation lösen kann. Wir beschränken uns auf die Verwendung der arithmetischen Methode, weil sie für die Entwicklung mathematischen Denkens besonders hilfreich ist.

2.1 Tierfreundlicher Einstieg

Problem 2.1 Aus dem Esszimmerfenster haben wir heute beobachtet, wie unsere jungen Kätzchen mit den Schmetterlingen im Garten gespielt haben. 19 Köpfe und genau 100 Beine haben wir gezählt. Wie viele junge Kätzchen haben wir momentan?

Lösung 2.1 Hätten wir nur Kätzchen gesehen, so hätten wir $19 \cdot 4 = 76$ Beine zählen können. Die zusätzlichen $100 - 76 = 24$ Beine gehören des-

---

Michael Stifel, 1487–1567, deutscher Theologe und Mathematiker.

Ergäzende Information Die elektronische Version dieses Kapitels enthält Zusatzmaterial, das berechtigten Benutzern zur Verfügung steht https://doi.org/10.1007/978-3-662-64015-9_2.

© Springer-Verlag GmbH Deutschland, ein Teil von Springer Nature 2022
T. S. Samrowski, *Matherätsel (nicht nur) für Begabte der Klassen 4 bis 6*,
https://doi.org/10.1007/978-3-662-64015-9_2

wegen den Schmetterlingen. Ein Schmetterling hat sechs Beine und somit ein Paar Beine mehr als ein Kätzchen. Dann gab es $24 \div 2 = 12$ Schmetterlinge im Garten, und die restlichen $19 - 12 = 7$ Köpfe gehörten unseren jungen Kätzchen.

Probe: Sieben Kätzchen haben 28 Beine, zwölf Schmetterlinge haben 72 Beine. Zusammen haben sie 28 + 72 = 100 Beine und 7 + 12 = 19 Köpfe.

Problem 2.2 Während einer Zirkusvorstellung traten Hunde, Tauben und sogar Elefanten vor dem Publikum auf. Wie viele Hunde waren dabei, wenn man 23 Köpfe, 64 Beine, drei Rüssel und zwei Paar Stiefel Größe 44 sehen konnte?

Lösung 2.2 Stiefel Größe 44 gehörten offensichtlich den beiden Dompteuren, die zusammen zwei Köpfe und vier Beine hatten. Die drei Rüssel weisen darauf hin, dass man drei Elefanten mit ihren drei Köpfen und zwölf Beinen sehen konnte. Weil es insgesamt 23 Köpfe und 64 Beine waren, mussten Hunde und Tauben zusammen

$$23 - (2 + 3) = 18 \text{ Köpfe}$$

und

$$64 - (4 + 12) = 48 \text{ Beine} \quad \text{oder} \quad 48 \div 2 = 24 \text{ Beinpaare}$$

haben. Hunde haben zwei Paar Beine und Tauben nur eins, somit hat jeder Hund ein Paar Beine mehr als eine Taube. Um die Anzahl der Hunde zu bestimmen, kann man deswegen die Anzahl der Köpfe von der Anzahl der Beinpaare abziehen. Man erhält somit, dass

$$24 - 18 = 6 \text{ Hunde}$$

und $18 - 6 = 12$ Tauben bei der Zirkusvorstellung beteiligt waren.

Probe: Zwei Menschen haben vier Beine, drei Elefanten haben zwölf Beine, sechs Hunde haben 24 Beine, zwölf Tauben haben 24 Beine. Zusammen haben sie 4 + 12 + 24 + 24 = 64 Beine und 2 + 3 + 6 + 12 = 23 Köpfe.

2.2   Aufgaben zum selbstständigen Lösen

Problem 2.3 In diesem Jahr verbrachte Elias seine Sommerferien auf einem Bauernhof. Beim Frühstück hatte er immer Katzen, Hunde und Hühner vom Fenster aus beobachtet. Eines Tages stellte er fest, dass es insgesamt genau 40 Köpfe und 100 Beine waren. Wie viele Hühner hatte Elias vom Fenster aus gesehen?

Problem 2.4 Im Kinderzoo können Kinder auf Kamelen reiten. Fjodor saß auf dem letzten Kamel und sein Freund Darius auf dem vorletzten, weil man zu zweit auf einem Kamel nie sitzen darf. Während des Ausritts konnte Fjodor alle anderen Kinder und alle Kamele gut sehen. Neun Köpfe und 26 Beine waren es insgesamt vor ihm. Wie viele Kinder saßen auf den Kamelen?

Problem 2.5 Richard hat im Wald mehrere Spinnennetze gefunden. In manchen sah man darin gefangene Fliegen, in manchen saßen auch die Netzinhaber. Insgesamt hat Richard 100 Beine und 14 Köpfe gezählt. Wie viele Spinnen in den Spinnennetzen hat Richard entdeckt?

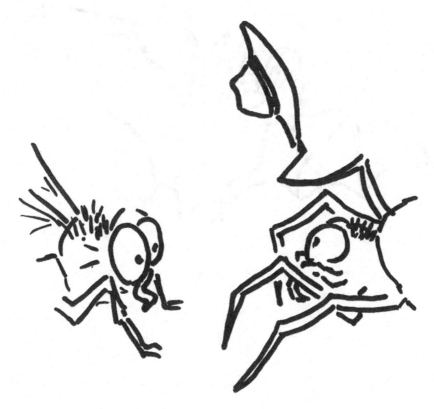

Problem 2.6 Im Meerestierkindergarten „Die neunte Woge" sind heute alle Oktopus- und Seesternkinder anwesend, insgesamt 51 Tierkinder. Fast alle Seesternchen sind fünfarmig, fünf Seesternchen haben aber sechs Arme und zwei sind sogar siebenarmig. Wie viele kleine Oktopusse besuchen „Die neunte Woge", wenn alle Tierkinder zusammen 300 Beine haben?

Problem 2.7 Nach dem Fall der bösen Hexe ist die Gesamtzahl der Einhörner (ein Horn, vier Pferdebeine mit Hufen), Hippogryphen (ein Schnabel, ein Paar Flügel, zwei Pferdebeine mit Hufen) und Zentauren (ein Paar Hände, vier Pferdebeine mit Hufen) im verborgenen Wald auf genau 77 angewachsen. Wie viele Einhörner leben im verborgenen Wald, wenn alle Zentauren, Hippogryphen und Einhörner zusammen 66 Arme und 294 Hufe haben?

Problem 2.8 Über dem dunklen Wald fliegt eine Herde von dreiköpfigen Fledermäusen und vierzigbeinigen Drachen. Zusammen haben sie 26 Köpfe und 298 Beine. Jeder Drache hat genau einen Kopf. Wie viele Beine hat eine dreiköpfige Fledermaus?

Problem 2.9 Ein Muggel hat sich für eine neue Businessidee aus der Zauberwelt begeistern lassen und beschlossen, eine Eulenpost aufzumachen. Sein Startkapital beträgt 15 000 £, von dem er 3750 £ für die Gehege und 3250 £ für den Papierkram braucht, den Rest will er für den Kauf von mindestens 20 Eulen ausgeben. Bei Gringotts tauscht er Britische Pfunde gegen Zaubergeld zum Geldkurs 1 Galleone = 4,93 £. Eine erfahrene Posteule mit ausgeprägten magischen Fähigkeiten, die älter als 3 Jahre ist, kostet im Durchschnitt 141 Galleonen, 16 Sickel und 23 Knuts. Für jedes unerfahrene Jungtier zahlt man im Durchschnitt 65 Galleonen, 15 Sickel und 20 Knuts. Wie viele erfahrene Posteulen kauft der Muggel von seinem Geld? Hinweis: 1 Galleone = 17 Sickel, 1 Sickel = 29 Knuts.

Problem 2.10 In einem großen Hasenstall sind mehrere Hasen, und an der Wand sitzen ein paar Spinnen. Zusammen haben die Hasen und die Spinnen 108 Beine und 20 Köpfe. Wie viele Hasen und Spinnen sind in dem Stall?

(A)   13 Spinnen und 7 Hasen
(B)   13 Hasen und 7 Spinnen
(C)   12 Hasen und 8 Spinnen
(D)   10 Hasen und 10 Spinnen
(E)   10 Spinnen und 7 Hasen

(Schweizer Pangea-Mathematikwettbewerb, Finale 2016, 5. Kl., Auf. 20)

2.3   Und weil es so schön war, machen wir die Zahlenrätsel noch mal

Problem 2.11 Wie viele

a) einstellige,
b) zweistellige,
a) dreistellige,
b) sechsstellige,
c) zehnstellige

Zahlen gibt es?

Problem 2.12 Nenne die größte und die kleinste siebenstellige Zahl.

Problem 2.13 Wie oft muss man zur größten einstelligen Zahl die größte dreistellige Zahl addieren, um die größte vierstellige Zahl zu bekommen?

Problem 2.14 Es sind alle vierstelligen natürlichen Zahlen zu ermitteln, für die folgende Eigenschaften erfüllt sind:

(1)   Die erste Ziffer ist kleiner als die letzte.
(2)   Die zweite Ziffer ist zweimal so groß wie die erste.
(3)   Die dritte Ziffer ist um 4 kleiner als die zweite.
(4)   Die vierte Ziffer ist um 3 größer als die zweite.

Problem 2.15 Löse das folgende Zahlenrätsel, finde dabei alle Lösungen:

$$
\begin{array}{r}
KATZE \\
+\ \underline{KATZE} \\
HUNDE
\end{array}
$$

3

Mal zu viel, mal zu wenig

In der Mathematik muss man mit allem rechnen.

Werner Mitsch

In diesem Kapitel werden Operationsbeziehungen und arithmetische Muster erforscht und dadurch Erkenntnisse zum Lösen der Aufgaben über Mengen und Preise, Schnitte und Abstände, sowie Zäune und Pfosten festgehalten.

3.1 Das sollte für den Anfang reichen

Problem 3.1 Elina fehlen 12 Franken, um 7 Luftballons zu kaufen. Wenn sie aber nur 5 Luftballons kaufen würde, hätte sie noch 8 Franken übrig.

a) Wie teuer ist ein Luftballon?
b) Reicht das Geld zum Kauf von 6 Luftballons?

Werner Mitsch, *1936, deutscher Aphoristiker.

Ergäzende Information Die elektronische Version dieses Kapitels enthält Zusatzmaterial, das berechtigten Benutzern zur Verfügung steht https://doi.org/10.1007/978-3-662-64015-9_3.

Lösung 3.1

a) Für den Kauf von 7 Luftballons fehlen 12 Franken, beim Kauf von 5 Ballons bleiben 8 Franken übrig. Dann sind sieben Luftballons

$$12 + 8 = 20 \quad \text{Franken}$$

teurer als fünf. Somit kostet ein Luftballon

$$20 \div (7 - 5) = 10 \quad \text{Franken.}$$

b) Da ein Luftballon 10 Franken kostet, hat Elina insgesamt

$$10 \cdot 5 + 8 = 58 \quad \text{Franken.}$$

Für 6 Luftballons bräuchte man aber

$$10 \cdot 6 = 60 \quad \text{Franken.}$$

Elinas Geld reicht deswegen nicht aus.

Problem 3.2 Darius hat zwei gleichartige Spieleisenbahnen. Der erste Zug hat eine schwarze Lokomotive und rote Waggons. Die Lokomotive des anderen Zuges ist grau, und die Waggons sind blau. Insgesamt sind 18 Waggons in beiden Zügen.

a) Wie viele Waggons hat jeder Spielzug, wenn Darius doppelt so viele rote Waggons hat wie blaue?

b) Wie viele Waggons hat jeder Spielzug, wenn Darius 4 rote Waggons weniger hat als blaue?

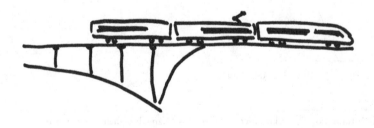

Lösung 3.2

a) Da es doppelt so viele rote Waggons gibt, ist der Anteil der blauen Waggons ein Drittel. Somit hat Darius

$$18 \div 3 = 6 \quad \text{blaue Waggons}$$

und

$$18 - 6 = 12 \quad \text{rote Waggons.}$$

b) Da Darius 4 rote Waggons weniger hat als blaue, ist die Anzahl der blauen Waggons gleich der Anzahl der roten Waggons plus noch 4 Waggons. Dann ist die Anzahl der roten Waggons

$$(18 - 4) \div 2 = 7$$

und die Anzahl der blauen Waggons ist

$$18 - 7 = 11.$$

3.2   Aufgaben zum selbstständigen Lösen

Problem 3.3 Zwei kräftige Biber bauen gerade ein Wasserhäuschen. Dafür haben sie einen 6 m langen Stamm in 1-m-Stücke zerlegt. Wie viele Schnitte haben sie gemacht?

Problem 3.4 Gegen Ende des Tages haben die beiden Biber, die das Wasserhäuschen bauen, insgesamt 30 Schnitte gemacht und 40 Holzstücke erhalten. Wie viele Stämme hatten sie?

Problem 3.5 Um 4 Hefte zu kaufen, braucht Emma noch 3 EUR. Wenn sie 3 Hefte nehmen würde, hätte sie noch 4 EUR übrig. Wie viel Geld hat Emma dabei?

Problem 3.6 Zwei Zauberwürfel und ein Comicheft kosten genauso viel wie ein Zauberwürfel und drei Comichefte. Wie viel mal ist ein Zauberwürfel teuerer als ein Comicheft?

Problem 3.7 Ein wissbegieriger Junge hat eine alte Balkenwaage gefunden und konnte damit Folgendes feststellen:

- 4 Pfirsiche und 3 Nektarinen wiegen genauso viel wie 3 Pfirsiche und 6 Aprikosen.
- 12 Aprikosen wiegen genauso viel wie 9 Nektarinen.

Wie viele Aprikosen muss er in eine Waagenschale legen, wenn in der anderen ein Pfirsich liegt, damit die Waage im Gleichgewicht bleibt?

Problem 3.8 Evelyn hat ihr Lieblingsbuch über Stringtheorie so oft und gründlich gelesen, dass eines Tages die Seiten 38 bis 93 rausgefallen sind. Das war das halbe Buch. Wie viele Seiten hatte das Lieblingsbuch von Evelyn, als es noch neu war, und wie viele Seiten fielen raus?

Problem 3.9 Kati, Tati und Fati haben zusammen 18 Farbstifte. Fati hat zwei Stifte weniger als Tati, Tati hat einen Stift mehr als Kati. Wie viele Stifte hat jedes Mädchen?

Problem 3.10 Ein 5 m langes Brett soll in zehn gleich lange Teile gesägt werden. Wie oft muss man sägen?

(A)   9-mal
(B)   10-mal
(C)   11-mal
(D)   15-mal
(E)   22-mal

(Schweizer Pangea-Mathematikwettbewerb, 2012, 5. Kl., Auf. 12)

Problem 3.11 Sklizzy ist eine extrem zielstrebige Schnecke. Eines Tages entscheidet sie sich, den höchsten Baum im Wald zu ersteigen. Der Baum ist genau 10 m hoch. Sklizzy schafft es, pro Tag 4 m hoch zu krabbeln, rutscht aber in der Nacht 3 m runter. Wann erreicht Sklizzy ihr Ziel, falls sie am Dienstagmorgen startet?

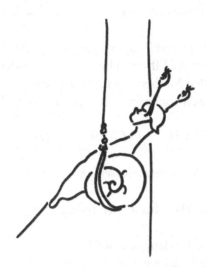

Problem 3.12 Auf zwei Regalen stehen 30 Bücher. Frau Koch nimmt zwei Bücher von dem ersten Regal und stellt sie auf das zweite Regal. Jetzt sind auf dem zweiten Regal doppelt so viele Bücher wie auf dem ersten. Wie viele Bücher standen auf dem ersten Regal zu Beginn?

Problem 3.13 Ein Junge hat doppelt so viele Schwester wie Brüder. Seine Schwester hat gleich viele Brüder wie Schwestern. Wie viele Kinder hat diese Familie und wie viele davon sind Mädchen?

Problem 3.14 Ich habe zwei Schwestern mehr als Brüder. Wie viele Töchter mehr als Söhne haben meine Eltern?

Problem 3.15 Manuel möchte seine Bonbons gleichmäßig auf Tüten verteilen, um diese seinen Freunden zu schenken. Bei zwei Bonbons je Tüte bleiben 6 Bonbons übrig und bei drei Bonbons je Tüte bleibt eine Tüte leer. Wie viele Bonbons hat er?

    (A) 24   (B) 20   (C) 18   (D) 12   (E) 9

(Schweizer Pangea-Mathematikwettbewerb, Vorrunde 2013, 6. Kl., Auf. 19)

Problem 3.16 In einem Kino sind 84 Kinder. Es sind dreimal so viele Jungen wie Mädchen. Wie viele Mädchen sind es?

(A) 63   (B) 45   (C) 30   (D) 21   (D) 15

(Schweizer Pangea-Mathematikwettbewerb, Vorrunde 2014, 5. Kl., Auf. 10)

Problem 3.17 Herr Schlaukopf hat genau zwei Mathebücher in seinem Wandregal. Ein Mathebuch ist das Elfte von links, und das andere ist das Dreizehnte von rechts. Zwischen den Mathebüchern sind genau fünf andere Bücher. Wie viele Bücher hat Herr Schlaukopf mindestens in seinem Wandregal?

(A) 17   (B) 18   (C) 29   (D) 31   (E) 33

(Schweizer Pangea-Mathematikwettbewerb, Vorrunde 2016, 5. Kl., Auf. 16)

Problem 3.18 Eine Strecke wird in vier Teile geteilt.

- Der 2. Teil ist doppelt so lang wie der 1. Teil.
- Der 3. Teil ist doppelt so lang wie der 2. Teil.
- Der 4. Teil ist doppelt so lang wie der 3. Teil.

Wie groß ist das Verhältnis des längsten Teils zur gesamten Strecke?

a) $\frac{11}{15}$ b) $\frac{8}{15}$ c) $\frac{4}{10}$ d) $\frac{4}{15}$ e) $\frac{10}{15}$

(Schweizer Pangea-Mathematikwettbewerb, Vorrunde 2014, 6. Kl., Auf. 20)

Problem 3.19 Eine Maschine schneidet eine 18 m lange Holzplatte innerhalb von 537 s in 10 cm Stücke. Wie lange benötigt die gleiche Maschine für die gleiche Holzplatte, wenn die geschnittenen Stücke jeweils 5 cm sein sollen?

(A) 1071   (B) 1074   (C) 1077   (D) 1081   (E) 2685

(Schweizer Pangea-Mathematikwettbewerb, Finale 2016, 5. Kl., Auf. 15)

3.3 Und weil es so schön war, machen wir nicht nur die Zahlenrätsel noch mal

Problem 3.20 Löse das folgende Zahlenrätsel, finde dabei alle Lösungen:

$$
\begin{array}{r}
W W W \\
+\ D O W N \\
\hline
E R R O R
\end{array}
$$

Problem 3.21 Als die Bauernkinder mit Ferkeln und Gänseküken spielen, sitzt der sibirische Kater Arnold auf dem Zaun und beobachtet das Ganze mehr als skeptisch. Dann fällt ihm auf, dass die Anzahl aller Beine 150 und die Anzahl aller Köpfe 50 beträgt, aber nur wenn er seine eigenen Pfötchen und sein schlaues Köpfchen mitzählt. Es war ihm eigentlich schon bewusst, was für einen enormen Wert er für die Gesellschaft hatte, aber jetzt liegt sogar ein mathematischer Beweis dieser Behauptung vor. „Wie viele Ferkel haben wir eigentlich in diesem Jahr? Rechnen wir das mal aus!", ist sein nächster Gedanke.

Problem 3.22 Nico sollte eine Additionsaufgabe lösen. Allerdings unterlief ihm beim Abschreiben der Aufgabenstellung ein Fehler: Er hatte bei einem der Summanden eine Null am Ende zu viel aufgeschrieben und 36.210 anstatt 11.910 als Ergebnis bekommen. Welche Zahlen sollte Nico eigentlich addieren?

Problem 3.23 Zeichne drei Kreise. Wie viele Schnittpunkte können dabei entstehen? Gib alle Möglichkeiten an.

Problem 3.24 Mit wie vielen Quadraten, deren Seiten zweimal kleiner sind, als die Seite des Quadrats B, lässt sich das Quadrat A auslegen?

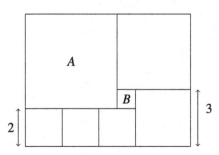

2.5 Und was ist so schön war, machen wir nicht nur die Zahlenrätsel noch mal?

4

Gemeinsam sind wir stark. Und schnell

Das Glück kann man nur multiplizieren, indem man es teilt.

Albert Schweitzer

Dieses Kapitel ist der Antiproportionalität (auch umgekehrte oder indirekte Proportionalität genannt) gewidmet. Für die indirekte Proportionalität gilt die Aussage „je mehr, desto weniger". Bei den Aufgaben geht es meistens um gemeinsames Arbeiten, Essen und Trinken, um das Einkaufen, wenn ein fester Betrag zu Verfügung steht usw. Dabei muss man immer überprüfen, ob dem n-fachen einer Größe das 1/n-fache der anderen Größe entspricht.

4.1   Von Anfang an zusammen

Problem 4.1 Drei gleiche Pumpen füllen ein Schwimmbad in 2 h. Wie lange brauchen

a) zwei,
b) fünf

solche Pumpen?

Albert Schweitzer, 1875–1965, Theologe und Arzt.

Ergäzende Information Die elektronische Version dieses Kapitels enthält Zusatzmaterial, das berechtigten Benutzern zur Verfügung steht https://doi.org/10.1007/978-3-662-64015-9_4.

© Springer-Verlag GmbH Deutschland, ein Teil von Springer Nature 2022
T. S. Samrowski, *Matherätsel (nicht nur) für Begabte der Klassen 4 bis 6,*
https://doi.org/10.1007/978-3-662-64015-9_4

Lösung 4.1

a) Wenn drei gleiche Pumpen ein Schwimmbad in 2 h füllen, würde eine Pumpe für dieselbe Arbeit dreimal mehr Zeit brauchen, d. h.

$$2 \cdot 3 = 6\,\text{h}.$$

Zwei solche Pumpen wären aber zweimal schneller als nur eine Pumpe und füllten dasselbe Schwimmbad in

$$6 \div 2 = 3\,\text{h}.$$

b) Aus dem Teil a) wissen wir schon, dass eine Pumpe das Schwimmbad in 6 h füllt. Fünf Pumpen erledigen die Arbeit fünfmal schneller und füllen dasselbe Schwimmbad in

$$6 \div 5 = 1{,}2\,\text{h} = 1\,\text{h}\,12\,\text{min}.$$

Problem 4.2 Ein Bulle trinkt ein ganzes Wasserfass in 6 h aus. Das gleiche Wasserfass reicht für den Bullen und das Kalb zusammen für 4 h. Wie lange bräuchte das Kalb für dieselbe Wassermenge allein?

Lösung 4.2 Da der Bulle das ganze Wasser in 6 h austrinkt, schafft er in 1 Stunde genau $\frac{1}{6}$ des Wasserfasses. Zusammen mit dem Kalb trinken sie alles in 4 h aus, d. h., dass sie in 1 Stunde genau $\frac{1}{4}$ des Wasserfasses austrinken. Dann trinkt das Kalb allein

$$\frac{1}{4} - \frac{1}{6} = \frac{1}{12}$$

des Fasses in 1 Stunde aus. Für das ganze Wasserfass braucht es dann allein

$$1 \div \frac{1}{12} = 12 \text{ h}.$$

4.2 Aufgaben zum selbstständigen Lösen

Problem 4.3 Flufy braucht 4 min, um die Karotte zu verputzen. Flinky schafft es doppelt so schnell. Wie schnell verschwindet die Karotte, wenn Flufy und Flinky gleichzeitig anfangen, sie zusammen zu vertilgen?

Problem 4.4 Für 1 kg Karotten braucht Flufy 20 min. Flinky schafft es nach wie vor doppelt so schnell. 5 min nachdem die Kaninchen 2 kg Karotten bekommen und Flinky das Fressen begonnen hat, stößt Flufy dazu. Wie schnell verschwinden die Karotten diesmal?

Problem 4.5 Drei Kaninchen fressen 1,8 kg Heu in 2 Tagen. Wie viele Kaninchen werden 3 kg Heu in 5 Tagen fressen?

Problem 4.6 Zehn Elfen erlegen 50 Orks in 20 min. Wie viel Zeit brauchen fünfzehn Elfen, um 30 Orks zu erlegen?

Problem 4.7 Drei Katzen haben drei Mäuse in 3 h gefangen. Wie viele Mäuse werden fünf Katzen in 6 h fangen?

Problem 4.8 Der Bau kann von 10 Bauarbeitern in 8 Tagen errichtet werden. Wie viele Bauarbeiter muss man noch einstellen, damit der Bau in 2 Tagen fertig wird?

Problem 4.9 Zwei Männer können 30 Bäume an einem Tag zersägen. Danach brauchen sie noch einen halben Tag, um diese zersägten Holzstücke zum Feuerholz kleinzuhacken. Wie viele Bäume müssen die beiden Männer zersägen, damit sie das ganze Holz noch am selben Tag kleinhacken könnten?

Problem 4.10 Ein Team aus den drei Arbeitern Stefan, Christof und Sebastian hat einen Auftrag bekommen, eine Grube auszuheben. Wenn Christof und Sebastian zu zweit den Auftrag erledigen würden, bräuchten sie für die Arbeit 5 h. Stefan und Sebastian schaffen ihn in 2,5 h, wenn sie zusammen arbeiten. Ohne Sebastian benötigen Christof und Stefan sogar nur 2 h. Wie schnell kann Sebastian alleine den Arbeitsauftrag erledigen?

Problem 4.11 Und wieder einmal heben drei Arbeiter eine Grube aus. Da sie diesmal nur einen Bagger haben, wechseln sie sich beim Arbeiten ab. Jeder arbeitet so lange, dass man in dieser Zeit eine halbe Grube ausheben könnte, hätte man zwei Bagger zur Verfügung. Die Grube wird in 2 h erstellt. Wie viel Zeit bräuchte man für die Grube, wenn man drei Bagger eingesetzt hätte.

Problem 4.12 Ein Schwimmbecken kann durch zwei unterschiedliche Röhren gefüllt werden. Die erste Röhre braucht zum Füllen 3 h, die zweite 9 h. Wie lange dauert es, das Becken zu füllen, wenn das Wasser durch die beiden Röhren gleichzeitig fließt?

Problem 4.13 Ein Schwimmbecken kann durch zwei unterschiedliche Röhren gefüllt werden. Die erste Röhre braucht zum Füllen 9 h, die beiden Röhren zusammen füllen das Becken in 3 h. Wie lange dauert es, das Becken aus der zweiten Röhre allein zu füllen?

Problem 4.14 Ein Schwimmbecken kann durch drei unterschiedliche Röhren gefüllt werden. Die erste Röhre braucht zum Füllen 3 h, die zweite 4 h und die dritte 12 h. Wie lange dauert es, das Schwimmbecken zu füllen, wenn das Wasser durch alle drei Röhren gleichzeitig fließt?

Problem 4.15 Drei Pumpen füllen gemeinsam ein Schwimmbecken in 24 h. Die erste Pumpe braucht allein für das Schwimmbecken halb so lange wie die zweite Pumpe. Die dritte füllt dreimal so schnell wie die zweite. Wie lange braucht jede Pumpe allein, um das Schwimmbecken zu füllen?

Problem 4.16 Auf einer Hühnerfarm mit 20 Hühnern reicht der vorhandene Futtervorrat für 6 Tage. Wie lange reicht dieser Futtervorrat, wenn nur 10 Hühner zu füttern wären?

(A) 3 *Tage*   *(B)* 6 *Tage*   *(C)* 8 *Tage*   *(D)* 12 *Tage*   *(E)* 14 *Tage*

(Schweizer Pangea-Mathematikwettbewerb, Vorrunde 2016, 6. Kl., Auf. 10)

Problem 4.17 Ein Schuhmacher kann in 3 Tagen 2 Paar Schuhe herstellen. Sein Mitarbeiter schafft jedoch nur 2 Paare in 5 Tagen. Wie viele Tage brauchen beide zusammen, um 48 Paare herzustellen?

(A) 30 *Tage*   *(B)* 35 *Tage*   *(C)* 40 *Tage*   *(D)* 45 *Tage*   *(E)* 50 *Tage*

(Schweizer Pangea-Mathematikwettbewerb, Vorrunde 2016, 6. Kl., Auf. 18)

4.3 Und weil es so schön war, machen wir das noch mal

Problem 4.18 Löse das folgende Zahlenrätsel, finde dabei alle Lösungen:

$$
\begin{array}{r}
E I N S \\
+ \quad E I N S \\
E I N S \\
E I N S \\
E I N S \\
\underline{E I N S} \\
S E C H S
\end{array}
$$

Problem 4.19 Füge die Operationszeichen „+", „−", „·", „÷" sowie Klammern ein, damit die Rechnung stimmt:

a) 4 4 4 4 4 $= 0$
b) 4 4 4 4 4 $= 1$
c) 4 4 4 4 4 $= 2$
d) 4 4 4 4 4 $= 3$
e) 4 4 4 4 4 $= 4$

Problem 4.20 Mein Bruder hat insgesamt zwölf Spielzeugroboter in den Farben Blau, Rot und Gelb. Es sind fünfmal mehr rote Roboter als blaue. Wie viele gelbe Spielzeugroboter hat mein Bruder?

Problem 4.21 Wie viele Schnittpunkte können zwei Kreise und ein Dreieck maximal haben?

Problem 4.22 Welche Zahl erhältst du, wenn du die Zahl 7 verdreifachst, die Zahl 4 hinzuzählst, die erhaltene Zahl verdoppelst und die dabei erhaltene Zahl nochmals verdoppelst?

Problem 4.23 Ein Hotel besitzt zusammen 98 Zwei- und Dreibettzimmer mit insgesamt 230 Betten. Wie viele Zweibettzimmer und wie viele Dreibettzimmer hat das Hotel?

5

nesölsträwkcüR saD

Mathematik ist eine Sprache.

Josiah Willard Gibbs

Bei der Lösung der Aufgaben aus diesem Abschnitt soll man zuerst die Situation am Ende der Aufgabe betrachten, danach analysiert man den vorletzten Schritt, dann den Schritt davor usw. Somit wird die Aufgabe „rückwärts" gelöst.

5.1 leipsiebsgnurhüfniE saD

Problem 5.1 Ena und Daria sind Schwestern und beide finden mathematische Rätsel toll. Heute spielen sie das „Rate mal meine Zahl"-Spiel. Man denkt sich dabei eine Zahl aus und macht mit der Zahl die arithmetischen Operationen, die der Gegner vorschlägt. Am Ende teilt man das Endergebnis mit, und der Gegner muss die ursprüngliche Zahl nennen. Ena fängt an und denkt sich eine natürliche Zahl aus. Auf die Anweisung von Daria multipliziert sie diese Zahl mit 17, addiert zum Produkt 1 und teilt das Ergebnis durch 3. Nach dieser Rechnung kommt 40 raus. Daria meint, dass die von Ena ausgedachte Zahl 8 ist. Stimmt das? Wenn nicht, welche Zahl hat sich Ena ausgedacht?

Josiah Willard Gibbs, 1839–1903, US-amerikanischer Physiker.

Ergäzende Information Die elektronische Version dieses Kapitels enthält Zusatzmaterial, das berechtigten Benutzern zur Verfügung steht https://doi.org/10.1007/978-3-662-64015-9_5.

© Springer-Verlag GmbH Deutschland, ein Teil von Springer Nature 2022
T. S. Samrowski, *Matherätsel (nicht nur) für Begabte der Klassen 4 bis 6*,
https://doi.org/10.1007/978-3-662-64015-9_5

Lösung 5.1 Als Erstes können wir prüfen, ob 8 die ursprüngliche Zahl ist und berechnen dafür $8 \cdot 17 = 136$, danach $136 + 1 = 137$ und anschließend $137 \div 3 = 45\frac{2}{3}$. Daria hat sich also verrechnet. Jetzt rechnen wir die korrekte Zahl aus: Nach der Teilung durch 3 bekommt Ena 40, das heißt, dass $120 = 40 \cdot 3$ die Zahl vor der Teilung war. Die Zahl 120 ist nach der Addition mit 1 entstanden, deswegen hatte man davor $120 - 1 = 119$. Die Zahl 119 ist das Ergebnis der Multiplikation der von Ena ausgedachten Zahl mit 17, somit findet man $119 \div 17 = 7$. Ena hat sich also die Zahl 7 ausgedacht.

Probe: $(7 \cdot 17 + 1) \div 3 = 40$.

5.2   nesöL negidnätstsbles muz nebagfuA

Problem 5.2 Jetzt ist Daria an der Reihe. Sie muss mit ihrer Zahl auf Enas Anweisungen Folgendes machen: Zuerst 15 addieren, danach mit 3 multiplizieren, anschließend durch 7 teilen, vom entstandenen Ergebnis 14 abziehen, dann wieder durch 7 teilen und zum Schluss mit der Differenz von 37 und 8 multiplizieren. Es kommt die Zahl 1682 raus. Nach kurzem Überlegen findet Ena die Zahl, die sich Daria ausgedacht hat. Wie lautet sie?

Problem 5.3 Am ersten Ferientag haben sich Emily und Sofie zum Stadtbummel und einem Kinobesuch verabredet. Nach dem Frühstück schnappte sich Emily ihr ganzes Taschengeld und ging aus dem Haus. Gleich am ersten Kiosk kaufte sie sich ein Päckchen Gummibärchen für $\frac{1}{31}$ ihrer Ersparnisse. Danach nahm sie eine Einzelfahrtkarte für 2,20 EUR und fuhr mit der Linie 7 bis zum großen Einkaufszentrum im Zentrum der Stadt, wo sie die Hälfte des Geldes, das zu dem Moment in ihrem Portemonnaie lag, für ein hübsches T-Shirt ausgegeben hat. Kurze Zeit später trafen sich die beiden Freundinnen und gingen in ihre Lieblingseisdiele. Emily suchte sich einen Erdbeerbecher für genau 5 EUR aus. Während des kurzen Spaziergangs durch das Stadtzentrum zum Kino 1 Stunde später konnte Emily ausrechnen, dass sie im Kino insgesamt 21,70 EUR ausgeben darf, damit ihr noch das Geld für die Rückfahrt übrigbleibt. Wie viel Geld hatte Emily, als sie ihr Haus heute morgen verließ?

Problem 5.4 Mephisto schlug Johnny Blaze einmal den folgenden Deal vor: Jedes Mal, wenn Johnny die magische Brücke überquert, würde sich sein Geld verdoppeln. Dafür müsste er aber Mephisto 32 EUR abgeben. Viermal konnte Johnny Blaze die magische Brücke überqueren und stellte fest, dass sein Geld ausging. Wie viel Geld hatte Johnny Blaze zu Beginn?

Problem 5.5 Zwei Piraten spielen um ihre Goldmünzen. Zuerst verliert der erste Pirat die Hälfte seiner Goldmünzen und gibt sie dem zweiten Piraten, danach verliert der zweite die Hälfte seiner Goldmünzen an den ersten. Nachdem der erste an den zweiten wieder sieben Goldmünzen in der dritten Spielrunde verloren hatte, stellten sie fest, dass sie jetzt je 27 Goldmünzen übrig haben. Wie viele Goldmünzen hatte jeder Pirat unmittelbar vor dem Spiel?

Problem 5.6 Drei Brüder haben in ihrem Garten 24 Ostereier gefunden. Dabei hat jeder drei Eier weniger gefunden, als sein Alter in Jahren war. Der jüngere Bruder war traurig, dass er am wenigsten gefunden hatte, und schlug den älteren Brüdern Folgendes vor: „Ich gebe jedem von euch $\frac{1}{4}$ meines Fundes und behalte den Rest. Danach soll der mittlere Bruder das Gleiche machen und dann der Ältere." Nachdem sie ihre Ostereier so ausgetauscht hatten, hatte jeder von ihnen gleich viel. Wie alt war der jüngere Bruder?

Problem 5.7 Nico pflückte in Omas Garten viele Äpfel. Unterwegs nach Hause traf er nacheinander Lena, Oana, Evelyn und Anna. Er teilte mit jedem Mädchen jedes Mal alle Äpfel, die er zu dem Zeitpunkt hatte, hälftig. Nach Hause brachte er zwei Äpfel. Wie viele Äpfel hat Nico den Mädchen abgegeben?

Problem 5.8 Während des Sporttages in der Schule fand das große Seilziehen statt. Die beiden ersten Klassen, die gleich viele Schüler hatten, haben sich zuerst an beiden Seilenden aufgestellt. Dann kamen die Zweitklässler und stellten sich jeweils zwischen zwei Erstklässler an jedem Ende des Seils auf. Zum Schluss durften sich Dritt- und Viertklässler in die Lücken zwischen Erst- und Zweitklässlern aufstellen. Wie groß sind die ersten Klassen in dieser Schule, wenn sich insgesamt 194 Kinder am Seilziehen beteiligten?

Problem 5.9 Die Rückkehr der Kraniche aus den Winterquartieren ist in vollem Gange. Wie die Vogelwarte der Siebenseenstadt heute morgen berichtet hat, sind Tausende von Zugvögeln in der letzten Nacht zurückgekehrt. Mit einem Radar registrierten die Vogelkundler alle Bewegungen von ziehenden Vögeln über der Stadt und Umgebung und bemerkten dabei ein merkwürdiges Verhalten: Die Hälfte der ganzen Keilformation der Kraniche und noch ein halber Kranich fanden gleich beim ersten See ihr Sommerquartier, alle anderen flogen weiter. Die Hälfte der weitergeflogenen Kraniche und noch ein halber Kranich haben sich für den zweiten See entschieden und der Rest flog weiter. Die gleiche Situation beobachtete man bei allen Seen der Siebenseenstadt, auch beim siebten See, wo die letzte Hälfte der zu dem Zeitpunkt bestehenden Keilformation und ein halber Kranich ihr Zuhause fanden. Aus wie vielen Kranichen bestand die Keilformation ursprünglich?

Problem 5.10 An seinem elften Geburtstag stellte Richard folgendes fest: Schreibt man zu der dreifachen Anzahl der Partygäste rechts eine Null, nimmt die Hälfte der entstandenen Zahl und subtrahiert davon 3, so bekommt man genau die Anzahl der Monaten, die er schon erlebt hat. Wie viele Gäste kamen zur Geburtstagsparty von Richard?

Problem 5.11 An einem sonnigen Morgen ging der junge Elfe Fjodor zur Schießanlage, um Bogenschießen zu üben. An dem Tag stellte sein Vater sieben Zeilscheiben auf. Fjodor zählte die in seinem Pfeilköcher liegenden Pfeile und die Zielscheiben und entschied sich zu einer besonderen Strategie: In die erste Zielscheibe schickte er nur eine Pfeile. Die Hälfte der übrig gebliebenen Pfeilen schoss er in die zweite Zielscheibe. Drei Pfeile gingen in die dritte Zielscheibe. Alle anderen Zielscheiben trafen jeweils vier Pfeilen. Danach war der Pfeilköcher leer. Wie viele Pfeilen hatte Fjodor in seinem Pfeilköcher vor der Schießübung?

Problem 5.12 Zahlenrätsel: In drei Kisten sind insgesamt 90 Kugeln. Ich nehme aus der ersten Kiste 3 Kugeln und lege sie in die zweite Kiste. Dann nehme ich aus der zweiten Kiste eine Kugel und lege sie in die dritte Kiste. Jetzt sind in jeder Kiste gleich viele Kugeln. Wie viele Kugeln waren am Anfang in der zweiten Kiste?

(A) 30 (B) 31 (C) 33 (D) 29 (E) 28

(Schweizer Pangea-Mathematikwettbewerb, Vorrunde 2014, 5. Kl., Auf. 20)

Problem 5.13 Julia überlegt sich zwei Zahlen. Die erste Zahl ist 11, die andere verrät sie uns nicht. Dafür gibt sie uns den Tipp, dass die Summe beider Zahlen multipliziert mit 9 insgesamt 126 ergibt. Wie lautet die unbekannte Zahl?

(A) 2 (B) 3 (C) 7 (D) 8 (E) 13

(Schweizer Pangea-Mathematikwettbewerb, Vorrunde 2016, 6. Kl., Auf. 13)

Problem 5.14 Ali, Boris und Christian besitzen zusammen 102 Sammelkarten. Sie tauschen die Karten untereinander wie folgt aus:

- Ali gibt Boris 11 seiner Sammelkarten.
- Boris gibt Christian 7 seiner Sammelkarten.
- Christian gibt Ali 5 seiner Sammelkarten.

Jetzt haben alle die gleiche Anzahl an Sammelkarten. Wie viele Sammelkarten hatte Ali mehr als Christian vor dem Tausch?

(A) 2 (B) 4 (C) 6 (D) 8 (E) 10

(Schweizer Pangea-Mathematikwettbewerb, Vorrunde 2017, 6. Kl., Auf. 10)

5.3   lam hcon sad riw nehcam, raw nöhcs os se liew dnU

Problem 5.15 Löse das folgende Zahlenrätsel, finde dabei alle Lösungen:

$$ZYXWV \cdot 4 = VWXYZ$$

Problem 5.16 Füge die Operationszeichen „+", „−", „·", „÷" sowie Klammern ein, damit die Rechnung stimmt:

a) $4\,4\,4\,4\,4 = 5$
b) $4\,4\,4\,4\,4 = 6$
c) $4\,4\,4\,4\,4 = 7$
d) $4\,4\,4\,4\,4 = 8$
e) $4\,4\,4\,4\,4 = 9$

Problem 5.17 Dennis hat ein Buch in drei Tagen gelesen. Am ersten Tag hat er 0,2 des ganzen Buches und noch 16 Seiten durchgelesen. Am zweiten Tag hat Dennis 0,3 von dem Rest des Buches und noch 20 Seiten durchgelesen. Am dritten Tag hat er 0,75 des Restes und die letzten 30 Seiten geschafft. Wie viele Seiten hatte das Buch?

Problem 5.18 Für 25 Arbeitstage sollte eine Aushilfe eines Internetcafés 1000 EUR und ein Tablet bekommen. Nach 5 Arbeitstagen hat sie aber gekündigt und durfte nur das Tablet mitnehmen. Was kostete dieses Tablet?

Problem 5.19 Ella und Emma sind Schwestern und haben ein gemeinsames Schlafzimmer. Ella kann in 20 min ihr Zimmer aufräumen. Emma braucht dafür 15 min. Wie schnell räumen die Mädchen ihr Zimmer gemeinsam auf?

Problem 5.20 Kätzchen und Küken haben zusammen 44 Beine und 17 Köpfe. Wie viele Kätzchen und wie viele Küken sind das?

6

Erst wiegen, dann wägen, dann wagen

Ein Pfund Mut ist mehr Wert als eine Tonne Glück.

James Abram Garfield

In diesem Abschnitt trift man auf kombinatorische und arithmetische Aufgaben und Rätseln zum das Thema Gewichte und wiegen mit verschiedener Waagen.

6.1 Frisch geWAAGt ist halb gewonnen

Problem 6.1 Sirius und Severus haben ihre Schultaschen gewogen. Die Waage zeigte, dass die Tasche von Sirius 3 kg wiegt, und die Tasche von Severus 2 kg. Allerdings, als die beiden ihre Taschen zusammen auf die Waage stellten, zeigte die Waage 6 kg. Erst dann merkten sie, dass die Anzeige der Waage verschoben war. Wie viel wogen die Schultaschen in Wirklichkeit?

Lösung 6.1 Da die Anzeige der Waage verschoben war, zeigte die Waage jedes Mal das exakte Gewicht mit einem bestimmen Fehler. Als die Schultaschen einzeln gewogen wurden, wurde dieser Fehler zweimal in der Berechnung berücksichtigt. Als die beiden Schultaschen zusammen gewogen wurden, nur

---

James Abram Garfield, 1831–1881, US-amerikanischer republikanischer Politiker, 20. Präsident der Vereinigten Staaten von Amerika.

Ergäzende Information Die elektronische Version dieses Kapitels enthält Zusatzmaterial, das berechtigten Benutzern zur Verfügung steht https://doi.org/10.1007/978-3-662-64015-9_6.

© Springer-Verlag GmbH Deutschland, ein Teil von Springer Nature 2022
T. S. Samrowski, *Matherätsel (nicht nur) für Begabte der Klassen 4 bis 6*,
https://doi.org/10.1007/978-3-662-64015-9_6

einmal. Dann ist der Fehler gleich der Differenz

$$6\,\text{kg} - (2\,\text{kg} + 3\,\text{kg}) = 1\,\text{kg}$$

Somit wog die Tasche von Sirius:

$$3\,\text{kg} + 1\,\text{kg} = 4\,\text{kg}$$

und die Tasche von Severus:

$$2\,\text{kg} + 1\,\text{kg} = 3\,\text{kg}$$

Probe:

$$3\,\text{kg} + 4\,\text{kg} - 1\,\text{kg} = 6\,\text{kg}$$

6.2   Aufgaben zum selbstständigen Lösen

Problem 6.2 Was ist schwerer: 1 t Feder oder 1 t Gold?

Problem 6.3 Wenn man auf einer falsch geeichten Waage zwei Weizensäcke einzeln wiegt, bekommt man 50 kg und 30 kg. Wenn man dieselben Säcke zusammen auf diese Waage stellt, zeigt die Waage 90 kg an. Wie viel wiegen die Weizensäcke in Wirklichkeit?

Problem 6.4 Kann man die 1 kg, 2 kg, 3 kg, 4 kg, 5 kg, 6 kg, 7 kg, 8 kg und 9 kg Gewichte in drei Gruppen gleicher Masse aufteilen?

Problem 6.5 In einem großen Sack liegen 24 kg Äpfel. Wie kann man mit einer Balkenwaage 9 kg Äpfel abwiegen?

Problem 6.6 Ein Eimer mit Wasser wiegt 18 kg. Ein leerer Eimer wiegt 2 kg. Wie viel wiegt ein halbleerer Eimer?

Problem 6.7 Von drei äußerlich gleichen Matrjoschkas ist eine leer. Wie viele Auswägungen sind notwendig, um festzustellen, welche der dreien leer ist?

Problem 6.8 Ein Bauer verkauft an seinem Marktstand Karotten, Äpfel, Weißkohl und Kartoffeln. Zum Abwiegen stehen ihm eine Balkenwaage und 4 Gewichtssteine zur Verfügung: zweimal 2 kg einmal 5 kg und einmal 10 kg. Kann er

a) 20 kg Weißkohl
b) 16 kg Kartoffeln
c) 3 kg Äpfel
d) 1,5 kg Äpfel
e) 750 g Karotten
f) 500 g Karotten

genau abwiegen und wie, wenn die Balkenwaageschalen genug groß sind um darauf 20 kg Weißkohl zu platzieren?

Problem 6.9 Ein Schweinchen und ein Hund wiegen zusammen soviel wie 15 Bücher. Ein Hund wiegt so viel wie 4 Katzen, 2 Katzen und ein Hund wiegen so viel wie 9 Bücher. Wie viele Katzen wiegen so viel wie ein Schweinchen?

Problem 6.10 Neun Jungen finden eine alte Waage, die nur die Gewichte zwischen 35 kg und 70 kg genau anzeigt.

„Die Waage ist ja komplett unbrauchbar: Jeder von uns wiegt weniger als 35 kg somit können wir uns ja gar nicht wiegen lassen", sagt Maximilian.

„Doch, wir können auch mit dieser Waage unsere Gewichte bestimmen, wenn jeder von uns schwerer als 18 kg ist. Unser Gesamtgewicht könnte man sogar mit lediglich 6 Wiegevorgängen rauskriegen", erwidert Richard.

„Wie geht das denn?", fragt Maximilian verblüfft.

Problem 6.11 Auf dem Tisch liegen **neun** Goldmünzen, die äußerlich identisch sind. Es ist bekannt, dass **acht** Münzen echt und gleich schwer sind. Eine Münze ist gefälscht und deswegen leichter als die echten Münzen. Wie oft muss man die Münzen mit einer Balkenwaage mindestens wiegen, um diese eine falsche Münze mit Sicherheit zu bestimmen?

Problem 6.12 Auf dem Tisch liegen **27** Goldmünzen, die äußerlich identisch sind. Es ist bekannt, dass **26** Münzen echt und gleich schwer sind. Eine Münze ist gefälscht und deswegen leichter als die echten Münzen. Wie oft muss man die Münzen mit einer Balkenwaage mindestens wiegen, um diese eine falsche Münze mit Sicherheit zu bestimmen?

Problem 6.13 Auf dem Tisch liegen **20** Goldmünzen, die äußerlich identisch sind. Es ist bekannt, dass **19** Münzen echt und gleich schwer sind. Eine Münze ist gefälscht und deswegen leichter als die echten Münzen. Wie oft muss man die Münzen mit einer Balkenwaage mindestens wiegen, um diese eine falsche Münze mit Sicherheit zu bestimmen?

Problem 6.14 Zu einem Spielbalkenwaagenset gehörten ursprünglich die neun folgende Gewichte: 10 g, 20 g, 30 g, ... 90 g. Dabei war ein leichteres Gewicht immer kleiner als ein schwereres Gewicht. Nach ein paar Monaten intensiveren Spielens ging ein Gewicht verloren. Wie kann man mit zweimal Wiegen feststellen, welches Gewicht verloren ging?

Problem 6.15 Ines und Younes wiegen zusammen 40 kg, Younes und Darius 50 kg, Darius und Jonas 90 kg, Jonas und Maurus 100 kg, Maurus und Ines 60 kg. Wie schwer sind Ines und Darius zusammen?

Problem 6.16 Als ein Fischer gefragt wurde, wie schwer sein größter Hecht sei, antwortete er: „Sein Schwanz war 1 kg, sein Kopf war so schwer, wie sein Schwanz und die Hälfte von seinem Körper, und sein Körper war so schwer, wie sein Kopf und Schwanz zusammen." Wie schwer war der Hecht?

Problem 6.17 Man hat 13 Gewichte mit den folgenden Markierungen: 1 g, 2 g, 3 g, ... 13 g. Eine Markierung ist falsch. Kann man mit einer Balkenwaage feststellen, welche das ist, wenn man nur dreimal wägen darf?

Problem 6.18 Vor dir liegen 10 Kugeln. Alle sehen gleich aus. 9 Kugeln haben die gleiche Masse, aber eine Kugel hat eine etwas kleinere Masse. Du hast eine Balkenwaage. Wie oft musst du mindestens wiegen, um diese eine Kugel mit Sicherheit zu bestimmen?

$$(A)\ 2 \quad (B)\ 3 \quad (C)\ 4 \quad (D)\ 5 \quad (E)\ 9$$

(Schweizer Pangea-Mathematikwettbewerb, Vorrunde 2014, 6. Kl., Auf. 17)

Problem 6.19 Von den abgebildeten drei Waagen stehen zwei Waagen im Gleichgewicht. Was muss man in den leeren Waagenteller der dritten Waage legen, damit auch diese im Gleichgewicht steht?

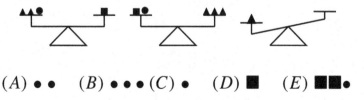

$$(A)\ \bullet\bullet \quad (B)\ \bullet\bullet\bullet \quad (C)\ \bullet \quad (D)\ \blacksquare \quad (E)\ \blacksquare\blacksquare\bullet$$

(Schweizer Pangea-Mathematikwettbewerb, Vorrunde 2017, 5. Kl., Auf. 20)

Problem 6.20 Ein Karton mit Handtüchern wiegt 17 kg. Wie viel Gramm wiegt ein Handtuch, wenn im Karton 850 Handtücher sind? (Das Gewicht des Kartons spielt keine Rolle!)

(A) 10 g   (B) 15 g   (C) 20 g   (D) 25 g   (E) 30 g

(Schweizer Pangea-Mathematikwettbewerb, Finale 2016, 5. Kl., Auf. 7)

Problem 6.21 Eine volle Milchpackung (Milch + Verpackung) wiegt 5 kg. Wenn die Hälfte der vorhandenen Milch verbraucht wird, wiegt sie nur noch 3200 g. Wie viel Gramm wiegt die Milchpackung ohne Inhalt?

(A) 200 g   (B) 1200 g   (C) 1400 g   (D) 1600 g   (E) 1800 g

(Schweizer Pangea-Mathematikwettbewerb, Finale 2016, 5. Kl., Auf. 7)

Problem 6.22 Beide Waagen sind im Gleichgewicht.

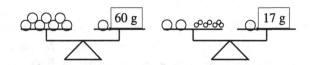

Wie schwer ist eine *große* und eine *kleine* Kugel zusammen?

6.3   Und weil es so schön war, machen wir das noch mal

Problem 6.23 Entziffere das Zahlenrätsel:

$$7 \cdot KATZE = XXXXXX$$

Problem 6.24 Ein Openair-Rockfestival wurde von 18654 Menschen besucht. Es waren fünfmal mehr Männer als Frauen. Wie viele Frauen waren beim Rockfestival?

Problem 6.25 Beim Einkaufen hat Elina ein riesiges Päckchen Kaubonbons mitgenommen. Unterwegs nach Hause traf sie nacheinander ihre gute Freundinnen Evelyn, Eleonor und Elvira. Sie gab jedem Mädchen jedes Mal ein Drittel von allen Kaubonbons, die sie zu dem Zeitpunkt hatte, plus noch 3 Bonbons. Nach Hause brachte sie 15 Kaubonbons. Wie viele Kaubonbons waren ursprünglich im Päckchen?

Problem 6.26 Ein Bauer braucht alleine 9 Tage für die Apfelernte. Seine Frau schafft es in 12 Tagen. Die ersten 3 Tage hat der Bauer selbst seine Äpfel gepflückt. Danach musste er sich einer anderen Arbeit widmen und das Äpfelpflücken seiner Frau überlassen. Wie viele Tage dauerte die Apfelernte insgesamt?

Problem 6.27 Alte armenische Aufgabe, 7. Jahrhundert n. Chr. In der Stadt namens Athen gab es ein Wasserbecken, das mit drei Röhren gespeist wurde. Die erste Röhre füllte das Becken in 1 Stunde mit dem Wasser. Die zweite Röhre war enger und füllte das Becken in 2 h. Die dritte Röhre war noch enger als die zweite, und man brauchte 3 h, um damit das Becken zu füllen. Wie lange dauerte es, wenn das Wasser durch alle drei Röhren gleichzeitig floss?

7

Jedes Alter hat seine Weise

Alte Mathematiker sterben nicht – sie verlieren nur einige ihrer Funktionen.

(Akademikerwitz)

*Bei den Altersaufgaben wird das Alter einer Person zu verschieden Zeitpunkten ange-
sprochen, die man oft mit Hilfe einer Tabelle gut separieren kann. Ausserdem darf man
nicht vergessen, dass alle Personen jedes Jahr ein Jahr älter werden.*

7.1 So wird man richtig alt

Problem 7.1 Dennis ist 12 Jahre alt. Sein Bruder Viktor ist 5.

a) Wie alt wird Dennis sein, wenn er doppelt so alt wird wie Viktor?
b) Wie alt wird Viktor sein, wenn Dennis fünfmal älter sein wird als Viktor
   jetzt ist?

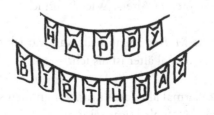

Ergäzende Information Die elektronische Version dieses Kapitels enthält Zusatzmaterial, das
berechtigten Benutzern zur Verfügung steht https://doi.org/10.1007/978-3-662-64015-9_7.

T. S. Samrowski, *Matherätsel (nicht nur) für Begabte der Klassen 4 bis 6,*
https://doi.org/10.1007/978-3-662-64015-9_7

Lösung 7.1

a) Denis ist

$$12 - 5 = 7$$

Jahre älter als Viktor. Im Alter von

$$7 \cdot 2 = 14$$

Jahren wird er doppelt so alt sein, wie Viktor, der dann 7 Jahre alt sein wird.

b) Jetzt ist Viktor 5. Dennis wird im Alter von 25 Jahren fünfmal älter sein, als Viktor jetzt ist. Das wird in

$$25 - 12 = 13$$

Jahren sein. Viktor wird dann $5 + 13 = 18$.

7.2 Aufgaben zum selbstständigen Lösen

Problem 7.2 Bern ist 433 Jahre älter als New York. Im Jahr 2057 wird Bern doppelt so alt sein wie New York. Wann wurden Bern und New York gegründet?

Problem 7.3 Ein Mann ist 45 Jahre alt und hat vier Söhne. Sein ältester Sohn ist 15. Es ist bekannt, dass der Altersunterschied von zwei aufeinanderfolgenden Kindern immer 3 Jahre ist (jeder älterer Sohn ist 3 Jahre älter als der nächst jüngere Sohn). In wie vielen Jahren werden die Kinder zusammen so alt wie der Vater sein?

Problem 7.4 Wenn man zu einem Drittel meines Alters 2 hinzuaddiert, bekommt man die Hälfte meines Alters. Wie alt bin ich?

Problem 7.5 Als meine Mutter 35 Jahre alt war, war ich 5. Wie alt ist meine Mutter jetzt, wenn sie dreimal älter ist als ich?

Problem 7.6 Eric ist viermal älter als Lucas. Zusammen sind sie 50 Jahre alt. Wann wird Eric dreimal älter als Lucas sein?

Problem 7.7 Der Vater ist viermal älter als sein Sohn. In 16 Jahren wird er nur zweimal älter sein. Wie alt wird dann der Sohn sein?

Problem 7.8 Meine Tante ist genauso alt wie mein Bruder und meine Schwester zusammen. Wie alt ist meine Tante, falls mein Bruder doppelt so jung wie meine Schwester, und 24 Jahre jünger als meine Tante ist?

Problem 7.9 Thomas ist älter, als Stephan sein wird, wenn Marcus so alt wird, wie Thomas jetzt ist. Wer ist der Älteste und wer ist der Jüngste?

Problem 7.10 Xenia ist jetzt doppelt so alt wie Fjodor war, als Xenia so alt war wie Fjodor jetzt ist. Wie alt ist Xenia, wenn Fjodor und sie zusammen 70 Jahre alt sind.

Problem 7.11 Anna ist jetzt dreimal älter, als Max in dem Moment war, als Anna in seinem jetzigen Alter war. Wenn Max in ihrem jetzigen Alter sein wird, werden sie zusammen 28 Jahre alt sein.

a) Wie alt sind Anna und Max jetzt?
b) Wie alt werden Anna und Max zusammen in 6 Jahren sein?

Problem 7.12 Caroline und Isabelle sind zusammen 27 Jahre alt. Caroline ist dreimal jünger, als Isabelle sein wird in dem Jahr, wenn sie zusammen fünfmal älter sein werden, als Caroline jetzt ist. Wie alt ist Caroline jetzt?

Problem 7.13 Mein Vater, der viermal älter ist als ich, sagt mir: Wenn ich noch die Hälfte, danach ein Drittel und danach noch ein Viertel meines jetzigen Alters erlebe, werde ich 100 Jahre alt sein. Wie alt bin ich jetzt?

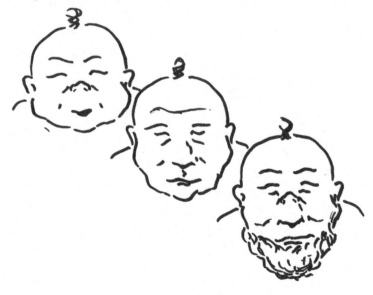

Problem 7.14 Als Tina geboren wurde, war ihre Mutter 27 Jahre alt. Jetzt ist Tina ein Viertel des Alters ihrer Mutter. Wie alt ist die Mutter jetzt?

(A) 28   (B) 32   (C) 36   (D) 40   (E) 44

(Schweizer Pangea-Mathematikwettbewerb, Vorrunde 2012, 6. Kl., Auf. 15)

Problem 7.15 Das Ehepaar Karl und Vera hat Zwillinge. Karl und Vera sind gleich alt. Die Zwillinge sind 35 Jahre jünger als ihre Eltern. Alle vier sind zusammen 106 Jahre alt. Wie alt sind die Zwillinge?

(A) 7   (B) 8   (C) 9   (D) 10   (E) 11

(Schweizer Pangea-Mathematikwettbewerb, Vorrunde 2017, 5. Kl., Auf. 18)

Problem 7.16 Lea ist 28 Jahre jünger als ihr Vater. Jean ist 3 Jahre älter als Lea. Zusammen sind sie 73 Jahre alt. Wie alt ist Jean?

(A) 10   (B) 14   (C) 17   (D) 18   (E) 42

(Schweizer Pangea-Mathematikwettbewerb, Finale 2016, 5. Kl., Auf. 21)

7.3   Und weil es so schön war, machen wir das noch mal

Problem 7.17 Löse das folgende Zahlenrätsel, bedenke dabei, dass verschiedene Buchstaben für verschiedene Ziffern stehen:

$$ABC \div DE = F$$
$$- \ \underline{\ GH}$$
$$J$$

Problem 7.18 Füge die Operationszeichen „+ ", „– ", „· ", „÷ ", sowie Klammern ein, damit die Rechnung stimmt:

a) $5\,5\,5\,5\,5 \ = \ 0$
b) $5\,5\,5\,5\,5 \ = \ 1$
c) $5\,5\,5\,5\,5 \ = \ 2$
d) $5\,5\,5\,5\,5 \ = \ 3$
e) $5\,5\,5\,5\,5 \ = \ 4$

Problem 7.19 Neville hat fünf Tiere zu Hause, Eulen und Riesenfrösche sind es. Insgesamt haben die Tiere 16 Beine. Wie viele Eulen hat Neville?

Problem 7.20 Man beauftragte zwei Arbeiter, ein langes, aber schmales Gerinne auszugraben. Ein Arbeiter hat Rückenschmerzen und ist deswegen zweimal langsamer als sein Kollege. Welches Szenario ist für den Auftraggeber günstiger, falls der Stundenlohn bei den beiden Arbeitern gleich ist?

a) Beide Arbeiter fangen gleichzeitig an beiden Enden an und graben, bis sie sich treffen.
b) Die Hälfte des Gerinnes wird von einem und die andere Hälfte des Gerinnes von dem anderen Arbeiter erledigt.

Problem 7.21 Ein Palindrom ist eine Zahl, die von links nach rechts gelesen dasselbe ergibt, als wenn man sie von rechts nach links liest. Beispiele: 7345437, 322223, 56765. Finde alle sechsstelligen Palindrome mit der Quersumme 18.

8

Vielfalt der Möglichkeiten

Mathematik muss man schon deswegen studieren, weil sie die Gedanken ordnet.

Michail Wassilijewitsch Lomonosow

8.1 Das Einführungsbeispiel

Problem 8.1 Zum Muttertag möchte Felizian eine Glückwunschkarte für seine Mutter basteln. In der Bastelkiste findet er fünf verschiedene farbige Papierblätter und neun verschiedene Sticker. Wie viele Möglichkeiten hat Felizian, ein Blatt und einen Sticker für seine Karte auszuwählen.

Lösung 8.1 Wenn Felizian ein Blatt Papier wählt, dann gibt es noch neun Möglichkeiten, einen Sticker auszuwählen. Weil es fünf verschiedene Papierblätter gibt, bekommt man $5 \cdot 9 = 45$ Möglichkeiten, ein Blatt und einen Sticker für eine Karte auszuwählen.

Problem 8.2 Die Glückwunschkarte muss noch beschriftet werden. Zur Auswahl stehen drei Wachsmalstifte und sechs Filzstifte. Wie viele Möglichkeiten hat Felizian, einen Stift für den Glückwunschtext auf der Karte auszuwählen?

Michail Wassilijewitsch Lomonosow, 1711–1765, russischer Universalgelehrter.

Ergäzende Information Die elektronische Version dieses Kapitels enthält Zusatzmaterial, das berechtigten Benutzern zur Verfügung steht https://doi.org/10.1007/978-3-662-64015-9_8

© Springer-Verlag GmbH Deutschland, ein Teil von Springer Nature 2022
T. S. Samrowski, *Matherätsel (nicht nur) für Begabte der Klassen 4 bis 6,*
https://doi.org/10.1007/978-3-662-64015-9_8

Lösung 8.2 Insgesamt gibt es $3 + 6 = 9$ Stifte, jeden Stift kann man nehmen. Felizian hat somit neun Möglichkeiten, einen Stift für den Glückwunschtext auf der Karte auszuwählen.

Problem 8.3 Für die Beschriftung einer Glückwunschkarte entscheidet sich Felizian, verschiedene Stifte zu benutzen.

a) Wie viele Möglichkeiten hat er, einen Wachsmal- und einen Filzstift auszuwählen?
b) Wie viele Möglichkeiten hat er, zwei Wachsmal- und zwei Filzstifte auszuwählen?
c) Wie viele Möglichkeiten gibt es, für die Gestaltung einer Glückwunschkarte ein Blatt, einen Sticker und vier Filzstifte auszuwählen?

Lösung 8.3

a) Für die Wahl eines Wachsmalstiftes hat Felizian drei Möglichkeiten. Zu jedem gewählten Wachsmalstift hat er noch sechs Möglichkeiten einen Filzstifte auszuwählen. Somit hat er insgesamt $3 \cdot 6 = 18$ Möglichkeiten, einen Wachsmal- und einen Filzstift auszuwählen.
b) Bezeichnen wir die Wachsmalstifte mit 1W, 2W, 3W und die Filzstifte entsprechend mit 1F, 2F, 3F, 4F, 5F, 6F, damit wir alle Möglichkeiten systematisch aufzählen und aufschreiben können. Für die Wahl von zwei Wachsmalstiften hat man folgende drei Möglichkeiten:

$$1W2W, \quad 1W3W, \quad 2W3W.$$

Für die Wahl von zwei Filzstiften hat man folgende 15 Möglichkeiten:

$$1F2F, \quad 1F3F, \quad 1F4F, \quad 1F5F, \quad 1F6F,$$

$$2F3F, \quad 2F4F, \quad 2F5F, \quad 2F6F,$$

$$3F4F, \quad 3F5F, \quad 3F6F,$$

$$4F5F, \quad 4F6F,$$

$$5F6F.$$

Man hat somit $3 \cdot 15 = 45$ Möglichkeiten, zwei Wachs- und drei Filzstifte auszuwählen.

c) Für die Wahl bei vier von sechs Filzstiften gibt es auch 15 Möglichkeiten:

$$1F2F3F4F, \ 1F2F3F5F, \ 1F2F3F6F,$$

$$1F2F4F5F, \ 1F2F4F6F,$$

$$1F2F5F6F,$$

$$1F3F4F5F, \ 1F3F4F6F, \ 1F3F5F6F,$$

$$1F4F5F6F,$$

$$2F3F4F5F, \ 2F3F4F6F, \ 2F3F5F6F,$$

$$2F4F5F6F,$$

$$3F4F5F6F.$$

Man hat somit $5 \cdot 9 \cdot 15 = 675$ Möglichkeiten, für die Gestaltung einer Glückwunschkarte ein Blatt, einen Sticker und vier Filzstifte auszuwählen.

Problem 8.4 An einem 3-km-Lauf nehmen 20 Langstreckenläufer teil. Wie viele Möglichkeiten gibt es, die drei Medaillen für den ersten, zweiten und dritten Platz zu verteilen?

Lösung 8.4 Es gibt 20 Möglichkeiten für den Platz 1. Für den 2. Platz bleiben dann 19 Möglichkeiten und anschließend für den Platz 3 nur noch 18 Möglichkeiten. Insgesamt ergeben sich somit $20 \cdot 19 \cdot 18 = 6840$ Möglichkeiten, die drei Medaillen für den ersten, zweiten und dritten Platz zu verteilen.

Problem 8.5 Wie viele Möglichkeiten gibt es in einer Klasse mit 20 Kindern, zwei Kinder für den Tafeldienst zu bestimmen?

Lösung 8.5 Um die Möglichkeiten systematisch aufzuzählen, nummerieren wir die 20 Kinder:

1. Mit Kind 1 gäbe es 19 Möglichkeiten, ein Paar für den Tafeldienst auszuwählen:
(Kind 1; Kind 2), (Kind 1; Kind 3), ..., (Kind 1, Kind 20).
2. Ohne Kind 1, aber mit Kind 2 gäbe es noch 18 Möglichkeiten:
(Kind 2; Kind 3), (Kind 2; Kind 4), ..., (Kind 2, Kind 20).

3. Ohne Kinder 1 und 2, aber mit Kind 3 gäbe es noch 17 Möglichkeiten:
   (Kind 3; Kind 4), (Kind 3; Kind 5), ..., (Kind 3, Kind 20).
   ...
19. Ohne Kinder 1–18 gibt es nur eine Möglichkeit:
    (Kind 19, Kind 20).

Wir summieren jetzt alle diese Möglichkeiten und erhalten

$$19 + 18 + 17 + ... + 1 = 190$$

verschiedene Paare für den Tafeldienst.

Problem 8.6 Wie viele dreistellige Zahlen haben keine Eins in ihrer Dezimaldarstellung?

Lösung 8.6 Eine dreistellige Zahl, die keine Eins in der Dezimaldarstellung hat, darf an der Hunderterstelle eine der acht Ziffern 2, 3, 4, 5, 6, 7, 8, 9 haben. Wir haben also acht Möglichkeiten für die Hunderterstelle. Für die Zehner- und Einerstelle hat man jeweils neun Möglichkeiten: 0, 2, 3, 4, 5, 6, 7, 8 und 9. Es gibt somit

$$8 \cdot 9 \cdot 9 = 648$$

dreistellige Zahlen, die keine Eins in der Dezimaldarstellung haben.

Problem 8.7 Wie viele dreistellige Zahlen haben mindestens eine Eins in ihrer Dezimaldarstellung?

Lösung 8.7 Insgesamt gibt es 900 dreistellige Zahlen. Aus Aufgabe 8.5 wissen wir, dass 648 dreistellige Zahlen keine Eins in der Dezimaldarstellung haben. Die restlichen dreistelligen Zahlen müssen also mindestens eine Eins in der Dezimaldarstellung haben. Davon gibt es

$$900 - 648 = 252.$$

Problem 8.8 Wie viele dreistellige Zahlen mit der folgenden Eigenschaft gibt es?
- Die erste Ziffer ist gerade.
- Falls die erste Ziffer 4 ist, ist die zweite Ziffer gerade.
- Ist die erste Ziffer 6 oder 8, dann ist die zweite Ziffer durch 3 teilbar.
- Die dritte Ziffer ist ungerade.

Lösung 8.8 An der ersten Stelle dürfen nur die geraden Ziffern stehen. Da die Null an der ersten Stelle einer Zahl nicht stehen darf, hat man hier nur vier Varianten: 2, 4, 6 und 8.

1. Falls **2 an der ersten Stelle** steht, gibt es für die zweite Ziffer keine Einschränkung. Es darf somit jede der Ziffern 0–9 an der zweiten Stelle stehen. Die dritte Ziffer muss laut der Aufgabenstellung ungerade sein, d. h. 1, 3, 5, 7 oder 9 (fünf Möglichkeiten). Somit gibt es $10 \cdot 5 = 50$ dreistellige Zahlen, die mit 2 beginnen und die Aufgabenstellung erfüllen.
2. Falls **4 an der ersten Stelle** steht, ist die zweite Ziffer gerade, d. h. 0, 2, 4, 6 oder 8 (fünf Möglichkeiten), und die dritte Ziffer ist ungerade (fünf Möglichkeiten). Somit gibt es $5 \cdot 5 = 25$ dreistellige Zahlen, die mit 4 beginnen und die Aufgabenstellung erfüllen.
3. Falls **6 an der ersten Stelle** steht, ist die zweite Ziffer durch 3 teilbar, d. h. 0, 3, 6 oder 9 (vier Möglichkeiten), und die dritte Ziffer ist ungerade (fünf Möglichkeiten). Somit gibt es $4 \cdot 5 = 20$ dreistellige Zahlen, die mit 6 beginnen und die Aufgabenstellung erfüllen.
4. Falls **8 an der ersten Stelle** steht, hat man genau die gleiche Situation wie bei 6 und somit 20 dreistellige Zahlen, die mit 8 beginnen und die Aufgabenstellung erfüllen.

Insgesamt findet man $50 + 25 + 20 + 20 = 115$ Zahlen mit der in der Aufgabe geforderten Eigenschaft.

8.2 Aufgaben zum selbstständigen Lösen

Problem 8.9 Wie viele Möglichkeiten gibt es, eine Flagge mit drei vertikalen Streifen verschiedener Farben zu erstellen, wenn sechs verschiedene Stofffarben zur Verfügung stehen?

Problem 8.10 Wie viele Möglichkeiten hat das Eichhörnchen Melissa,

a) für seine drei Mahlzeiten je einen Pilz (d. h. insgesamt drei Stück) auszuwählen, wenn es acht verschiedene Pilze zur Auswahl hat?
b) zwei von fünf seiner Söhnchen auszuwählen und zu Igel Thomas mit dem Apfelkorb zu schicken?

Problem 8.11 Wie viele vierstellige Zahlen haben mindestens

a) eine Null,
b) eine Ziffer 2

in ihrer Dezimaldarstellung?

Problem 8.12

a) Aus Blümenstadt führen 4 Straßen zur Sonnenstadt. Aus Sonnenstadt führen 5 Straßen zur Wiesenstadt. Wie viele Möglichkeiten gibt es, aus Blümenstadt nach Wiesenstadt zu kommen, falls es keine direkten Straßen zwischen diesen beiden Städten gibt?
b) Als Erdbeerstadt gebaut wurde, wurden auch noch 2 Straßen aus Blümenstadt zu Erdbeerstadt und 3 Straßen aus Erdbeerstadt zu Wiesenstadt gebaut. Wie viele Möglichkeiten gibt es jetzt, aus Blümenstadt nach Wiesenstadt zu kommen?

Problem 8.13 In einem Strumpf sind 15 gleich große Kugeln: 4 rote, 5 grüne und 6 gelbe. Ohne hinzusehen greifst du hinein. Wie viele Kugeln musst du nehmen, um ganz sicher mindestens zwei Kugeln von gleicher Farbe zu bekommen?

(A) 2   (B) 3   (C) 4   (D) 6   (E) 8

(Schweizer Pangea-Mathematikwettbewerb, Vorrunde 2014, 6. Kl., Auf. 16)

Problem 8.14 4 Kinder wollen einen Marathonlauf bestreiten. Da der Fotograf jedoch keine Zeit hat, das Ergebnis dieses langen Laufes abzuwarten, fällt ihm ein schlauer Trick ein. Er möchte nämlich schon vor dem Rennen alle möglichen Ergebnisse auf dem Podium, das die Plätze 1 bis 3 darstellt, fotografieren. Wie viele Fotos muss er schießen, um mit Sicherheit die richtige Platzierung fotografiert zu haben?

(A) 24   (B) 48   (C) 16   (D) 9   (E) 12

(Schweizer Pangea-Mathematikwettbewerb, Vorrunde 2016, 6. Kl., Auf. 17)

Problem 8.15 Es gibt 7 Sorten Eis. Tugba möchte drei Kugeln Eis kaufen. Wie viele Möglichkeiten hat sie, wenn sie zwei Kugeln von der gleichen Sorte essen möchte? Die dritte Kugel soll von einer anderen Sorte sein. Es ist ihr egal, in welcher Reihenfolge die drei Kugeln sind.

(A) 6   (B) 7   (C) 21   (D) 42   (E) 49

(Schweizer Pangea-Mathematikwettbewerb, Finale 2017, 5. Kl., Auf. 8)

Problem 8.16 Eine dreistellige Zahl beginnt nicht mit der Ziffer 0. Wie viele dreistellige Zahlen lassen sich bilden, wenn in jeder Zahl die Ziffer 0 genau einmal vorkommt und jede andere Ziffer höchstens einmal vorkommen darf?

(A) 144   (B) 72   (C) 216   (D) 228   (E) 288

(Deutscher Pangea-Mathematikwettbewerb, Vorrunde 2013, 5. Kl., Auf. 18)

Problem 8.17 Wie viele unterschiedliche vierstellige Zahlen kann man aus den Ziffern 5, 0, 8 und 7 bilden, wenn man jede Ziffer nur einmal benutzen darf?

(A) 192   (B) 24   (C) 20   (D) 18   (E) 12

(Deutscher Pangea-Mathematikwettbewerb, Vorrunde 2012, 5. Kl., Auf. 9)

Problem 8.18 Vor dir liegen fünf Karten mit den Ziffern 5, 6, 7, 8, 9. Wenn du drei dieser Karten nebeneinanderlegst, entsteht eine dreistellige Zahl. Wie viele verschiedene dreistellige Zahlen, die kleiner sind als 780, lassen sich so mit diesen Karten legen?
(Deutscher Pangea-Mathematikwettbewerb, Finale 2014, 6. Kl., Auf. 3)

Problem 8.19 Wie viele Möglichkeiten gibt es, die Fächer Deutsch, Englisch, Mathematik, Musik (je 1 h) und Sport (2 h) im Stundenplan eines sechsstündigen Vormittags anzuordnen? (Die Sportstunden dürfen, aber müssen nicht direkt hintereinander liegen.)

(A) 1080 (B) 720 (C) 480 (D) 360 (E) 6

(Deutscher Pangea-Mathematikwettbewerb, Vorrunde 2013, 5. Kl., Auf. 21)

Problem 8.20 In einer Kiste sind 17 weiße, 23 rote, 8 grüne, eine schwarze und eine blaue Kugel. Mathias kann den Inhalt der Kiste nicht sehen. Er braucht aber 3 gleichfarbige Kugeln. Wie viele Kugeln muss er mindestens aus der Kiste entnehmen, damit er mit Sicherheit 3 gleichfarbige Kugeln hat?

(A) 3 (B) 8 (C) 9 (D) 23 (E) 50

(Deutscher Pangea-Mathematikwettbewerb, Vorrunde 2013, 5. Kl., Auf. 24)

Problem 8.21 In einem Eimer sind 20 rote, 10 grüne, 15 blaue, 2 gelbe, 1 schwarze und 2 weiße Kugeln. Tolka darf aus dem Eimer mit verbundenen Augen mit einem Griff so viele Kugeln wie er möchte entnehmen. Wie viele Kugeln muss er mindestens greifen, wenn er sichergehen will, dass mindestens 3 Kugeln dieselbe Farbe haben?

(A) 3 (B) 6 (C) 12 (D) 18 (E) 20

(Deutscher Pangea-Mathematikwettbewerb, Vorrunde 2016, 5. Kl., Auf. 14)

Problem 8.22 Timo hat drei Eintrittskarten für sein Lieblingskonzert gewonnen. Er möchte zwei seiner vier Freunde mitnehmen. Fatma, Lara, Patrick und Ali stehen zur Auswahl. Wie viele verschiedene Möglichkeiten hat er?

(A) 4 (B) 6 (C) 8 (D) 10 (E) 12

(Deutscher Pangea-Mathematikwettbewerb, Zwischenrunde 2016, 5. Kl., Auf. 5)

Problem 8.23 In einem Strumpf sind 19 gleich große Kugeln: 3 weiße, 4 rote, 5 gelbe und 7 blaue. Du darfst blind, mit einem Griff, mehrere Kugeln auf einmal nehmen. Wie viele Kugeln musst du mindestens nehmen, um ganz sicher mindestens zwei Kugeln der gleichen Farbe zu bekommen?

(A) 2 (B) 3 (C) 4 (D) 5 (E) 7

(Deutscher Pangea-Mathematikwettbewerb, Zwischenrunde 2016, 5. Kl., Auf. 9)

Problem 8.24 In einem Eiscafé gibt es sechs verschiedene Eissorten: Vanille, Schokolade, Erdbeere, Zitrone, Banane und Walnuss. Martina möchte einen Eisbecher mit zwei verschiedenen Eiskugeln kaufen. Wie viele Möglichkeiten hat sie?

(A) 6 (B) 11 (C) 12 (D) 15 (E) 16

(Deutscher Pangea-Mathematikwettbewerb, Zwischenrunde 2016, 5. Kl., Auf. 11)

Problem 8.25 Frau Rossi backt heute Pizza. Auf jede Pizza kommen Tomatensauce und Käse. Die Pizza kann sie dann mit Champingons, schwarzen Oliven, Mais und Paprika belegen. Wie viele Möglichkeiten hat Frau Rossi, wenn immer mindestens ein Belag auf der Pizza sein soll?

(A) 4 (B) 15 (C) 16 (D) 24 (E) 32

(Deutscher Pangea-Mathematikwettbewerb, Vorrunde 2018, 6. Kl., Auf. 18)

8.3   Und weil es so schön war, machen wir das noch mal

Problem 8.26 Finde alle Lösungen des Zahlenrätsels:

$$
\begin{array}{r}
ZWEI \\
+\ ACHT \\
\hline
ZEHN
\end{array}
$$

Problem 8.27 Ein Hotel besitzt zusammen 70 Ein- und Zweibettzimmer mit insgesamt 116 Betten. Wie viele Einbettzimmer und wie viele Zweibettzimmer hat das Hotel?

Problem 8.28 Vier Bauarbeiter wollen ein Haus bauen. Der erste Arbeiter würde alleine in 1 Jahr das Haus fertig bauen, der zweite in 2 Jahren, der dritte in 3 Jahren, und der vierter in 4 Jahren. Wie schnell würden sie das Haus zusammen bauen?

Problem 8.29 Wie viele Schnittpunkte können höchstens entstehen, wenn man zwei Kreise und zwei Geraden zeichnet?

Problem 8.30 Das Eichhörnchen Melissa hat 11 Haselnüsse aus dem Vorjahresvorrat und 10 Haselnüsse aus der diesjährigen Ernte. Es gab viel weniger Regen im letzten Jahr als in diesem, deswegen sind die Nüsse aus der Vorjahreserente trockener und wiegen jeweils 5 g weniger als die Nüsse aus diesem Jahr. Wie kann Melissa mit einer zweischaligen Tafelwaage und zehn $5 - g$ Gewichten feststellen, aus welchen Jahr jede einzelne Nuss ist?

9

Wasser reichen

In den Aufgaben aus diesem Kapitel wird vorausgesetzt, dass man nur diejenigen Behälter benutzen darf, die in der Aufgabe erwähnt sind. Das Wasser, das nicht mehr gebraucht wird, darf man in den Fluss (oder Abfluss) zurückgießen. Eine Hälfte oder ein Drittel des Behälters darf man Pi mal Daumen nicht genau abmessen, und eine solche Vorgehensweise ist deswegen nicht akzeptabel.

9.1 Die Startmischung

Problem 9.1 Richard hilft heute seinem Vater im Garten. Um ein Düngermittel für die Rosen zu mischen, braucht er genau 6 L Wasser, hat aber nur einen Eimer für 4 L und einen Eimer für 9 L. Was könnte Richard machen, um die 6 L Wasser abzumessen?

Lösung 9.1 Da in der Aufgabenstellung nur zwei Eimer erwähnt wurden, darf man bei der Lösung der Aufgabe keine weiteren Behälter benutzen und die gewünschten 6 L in dem 9 L Eimer am Ende enthalten sein.

1. 9 L Wasser in den 9-Liter-Eimer geben.
2. 4 L Wasser aus dem 9-Liter-Eimer in den bis jetzt noch leer stehenden 4-Liter-Eimer abgießen. (Im 9-Liter-Eimer bleiben dann noch 5 L Wasser.)
3. Den 4-Liter-Eimer leeren (am liebsten sinnvoll, z. B. um etwas zu gießen).

Ergäzende Information Die elektronische Version dieses Kapitels enthält Zusatzmaterial, das berechtigten Benutzern zur Verfügung steht https://doi.org/10.1007/978-3-662-64015-9_9.

4. 4 L Wasser aus dem 9-Liter-Eimer in den wieder leer stehenen 4-Liter-Eimer abgießen. (Im 9-Liter-Eimer bleibt dann nur noch 1 L.)
5. Den 4-Liter-Eimer leeren (am liebsten sinnvoll, z. B. um etwas zu gießen).
6. Den letzten Liter Wasser aus dem 9-Liter-Eimer in den wieder leeren 4-Liter-Eimer umgießen. (Der 4-Liter-Eimer wird dann noch Platz für weitere 3 L Wasser haben.)
7. 9 L Wasser in den 9-Liter-Eimer geben.
8. 3 L Wasser aus dem 9-Liter-Eimer in den 4-Liter-Eimer geben. Im 9-Liter-Eimer bleiben nach diesem Vogang 6 L Wasser.

9.2   Aufgaben zum selbstständigen Lösen

Problem 9.2 In der Zwischenzeit hat Richards Mutter 8 L Holundersirup in einem 10-Liter-Topf gekocht und möchte genau 4 L ihrer Schwester abgeben. Wie kann sie diese 4 L abmessen, wenn sie nur einen Topf für 3 L und einen Topf für 5 L zu Hause hat?

Problem 9.3 Zur Mittagszeit besucht Richard seine gute Freundin Ines, die sehr gern kocht. Die beiden entscheiden, für die ganze Familie Spaghetti zu kochen, und brauchen dafür genau 1,8 L Wasser. Zur Verfügung stehen aber nur zwei Töpfe: für 1,5 L und für 2,7 L. Ist es überhaupt möglich?

Problem 9.4 An einem Samstagmorgen möchte Richard seine Eltern mit einem leckeren Frühstück überraschen und probiert das neue Rezept „Knuspriger Käse-Toast" aus, das wie folgt beschrieben wird:

1. Butter in einer Pfanne zerlassen. Eine Toastscheibe in die Butter legen, 50 g Käsescheiben oder geriebenen Käse darauf verteilen, etwas salzen und den Toast bei mittlerer Hitze ca. 5 min braun braten.
2. Ist der untere Toast braun, obere Toastscheibe auf den Käse legen, wieder etwas Butter in die Pfanne geben und den Käsetoast umdrehen, sodass die obere Toasthälfte in der Butter liegt. Ebenfalls ca. 5 min braun braten.

Wie lange braucht Richard für drei solche Käsetoasts mindestens, wenn auf der Pfanne zwei Toastscheiben gleichzeitig gebraten werden können?

Problem 9.5 Wie kann man 400 ml Leitungswasser holen, wenn man nur 300-ml- und 500-ml-Gläser zur Verfügung hat?

Problem 9.6 In der Antike hat man außer Sonnen- und Sanduhren auch Wasseruhren benutzt. Die Wasseruhr nutzt aus, dass eine bestimmte Wassermenge immer die gleiche Zeit benötigt, um aus einer bestimmten Öffnung zu fließen. Eine Wasseruhr hat mindestens zwei Wasserbehälter, die übereinander angebracht sind. Aus einem Behälter läuft das Wasser aus, der andere Behälter nimmt es auf. Wie könnte man mit Hilfe von zwei Wasseruhren die

a) 6 Min.,
b) 1 Min.,
c) 12 Min.,
d) 5 Min.,

stoppen, wenn eine von ihnen genau 7 Min. und die andere 13 Min. messen kann?

e) Wie viele Minuten vergehen, bis man mit den beiden Wasseruhren genau 19 Min. abmessen wird?

Hinweis: Man darf annehmen, dass der obere Behälter ohne Zeitverlust aufgefüllt und der untere entleert werden kann.

Problem 9.7 Messe 1,3 L Wasser aus einem 10-Liter-Eimer mit Hilfe von einem 0,5-Liter-Glass und einem Behälter für 1,4 L ab.

Problem 9.8 Wie kann man 3 L Wasser aus einem Fluss holen, wenn man nur einen 5 L und einen 9 L Eimer hat?

Problem 9.9 Ein Honigverkäufer hat seinen drei Söhnen das folgende Erbe hinterlassen: 7 Fässchen voll mit Honig, 7 Fässchen, die halbvoll sind, und 7 leere Fässchen. Wie sollen die Brüder dieses Erbe untereinander aufteilen, damit alle gleich viel Honig und gleich viele Fässchen bekommen, ohne Honig umzufüllen.

Problem 9.10 In einer Flasche befinden sich $24\,l$ Wasser, in einer zweiten $6\,l$. Wenn wir in beide Flaschen dieselbe Menge Wasser hinzugießen, dann enthält die zweite Flasche ein Drittel der Wassermenge, die die erste Flasche nun enthält. Wieviel Wasser haben wir dazugegossen?

$(A)\ 2\,l$ $(B)\ 3\,l$ $(C)\ 5\,l$ $(D)\ 7\,l$ $(E)\ 10\,l$

(Schweizer Pangea-Mathematikwettbewerb, 2012, 5 Kl., Auf. 15)

Problem 9.11 Lea, Anja und Miriam haben Durst. Miriam trinkt $\frac{1}{4}$ L weniger Wasser als Anja. Anja trinkt $\frac{1}{2}$ L mehr als Lea. Insgesamt trinken alle zusammen 3 L. Wie viel trinkt Anja?

$(A)\ 0,5\,l$ $(B)\ 0,75\,l$ $(C)\ 1\,l$ $(D)\ 1,25\,l$ $(E)\ 1,5\,l$

(Schweizer Pangea-Mathematikwettbewerb, Vorrunde 2014, 6 Kl., Auf. 18)

9.3   Und weil es so schön war, machen wir das noch mal

Problem 9.12 Löse das folgende Zahlenrätsel, bedenke dabei, dass verschiedene Buchstaben für verschiedene Ziffern stehen:

$$
\begin{array}{r}
\underline{MAUS \cdot MAUS} \\
{*}{*}{*}S \\
{*}{*}{*}U \\
+ \quad {*}{*}{*}A \\
\underline{{*}{*}{*}M} \\
{*}{*}{*}KUH{*}{*}
\end{array}
$$

Problem 9.13 Wie viele Schnittpunkte können ein Kreis, ein Dreieck und ein Quadrat maximal haben?

Problem 9.14 Teile das Ziffernblatt in sechs Stücke mit geraden Linien so auf, dass die Summe der Zahlen auf jedem Stück gleich ist.

Problem 9.15 Papa Hase brachte einen vollen Korb wilder Äpfel nach Hause und sagte seinem Sohn Flinky, der zu dem Zeitpunkt alleine zu Hause war: „Bitte, teile diese Äpfel mit deinen beiden Brüdern gerecht auf." Da Flinky gerade mit seinem Freund Flufy zum Versteckspielen verabredet war, nahm er einfach ein Drittel von allen Äpfeln, schrieb seinen Brüdern einen Brief, dass die Äpfel gerecht verteilt werden sollten, und ging weg. Danach kam Bunny, las den Brief, nahm ein Drittel von den Äpfeln, die er auf dem Tisch fand, und verschwand in den Garten. Als Letzter kam Hopsi in die Küche, las den Brief von Flinky, schmunzelte über die Schreibfehler und nahm vier Äpfel, die genau ein Drittel von den Äpfeln im Korb ausmachten, zu sich. Wie viele Äpfel hatten Flinky und Bunny zusammen gekriegt?

10

Andre Zeit, andre Lehre

Mathematik ist nicht sinnlos und weltfremd, sondern eher wie ein Schweizer Taschenmesser, immer und überall für alles Mögliche zu gebrauchen.

Manfred Spitzer

10.1 Anfang der Zeit

Problem 10.1 Wie oft am Tag wird der Stundenzeiger vom Minutenzeiger überholt?

Lösung 10.1 Um 00:00 Uhr überdecken sich die Uhrzeiger, sofort danach wird der Stundenzeiger vom Minutenzeiger zum ersten Mal am Tag überholt. Zum zweiten Mal überlappen sie sich kurz nach 1 Uhr, zum dritten Mal zwischen 2 Uhr und 3 Uhr und zum elften Mal zwischen 10 Uhr und 11 Uhr. Zwischen 11 Uhr und 12 Uhr überlappen sich die Uhrzeiger nicht, und der Stundenzeiger wird vom Minutenzeiger in dieser Stunde nicht überholt. Erst um 12:00 Uhr überlappen sich die Uhrzeiger wieder, danach wird der Stundenzeiger vom Minutenzeiger zum zwölften Mal am Tag überholt. Zwischen

Manfred Spitzer, *1958, Psychologe und Psychiater

Ergäzende Information Die elektronische Version dieses Kapitels enthält Zusatzmaterial, das berechtigten Benutzern zur Verfügung steht https://doi.org/10.1007/978-3-662-64015-9_10.

22 Uhr und 23 Uhr wird der Stundenzeiger zum 22. und zum letzten Mal vom Minutenzeiger überholt.

Problem 10.2 Wenn „morgen" zu „gestern" wird, dann wird „übermorgen" einen Tag vor Montag sein. Was für ein Wochentag war, als „gestern" noch „morgen" war?

Lösung 10.2 „Morgen" wird übermorgen zu „gestern". Zwei Tage nach „übermorgen" wird ein Tag vor Montag sein, d. h. ein Sonntag. Dann ist übermorgen ein Freitag, und heute ist ein Mittwoch. „Gestern" war vorgestern noch „morgen". Wenn heute ein Mittwoch ist, dann war vorgestern ein Montag.

10.2   Aufgaben zum selbstständigen Lösen

Problem 10.3 Wie oft am Tag bilden die Uhrzeiger einen rechten Winkel?

Problem 10.4 Teile mit einer geraden Linie ein Ziffernblatt in zwei Hälften so auf, dass die Summe aller Ziffern auf jeder Hälfte gleich ist.

Problem 10.5 Teile mit einer geraden Linie ein Ziffernblatt in zwei Hälften so auf, dass die Summe aller Zahlen auf jeder Hälfte gleich ist.

Problem 10.6 Teile das Ziffernblatt in drei Stücke mit geraden Linien so auf, dass die Summe der Zahlen auf jedem Stück gleich ist.

Problem 10.7 Eine elektronische Uhr zeigt 23:10. Was zeigt sie beim nächsten und beim übernächsten Mal, wenn die Summe der Stunden und der Minuten dieselbe ist?

Problem 10.8 Am Freitag, den 28. Februar um 20 Uhr stellt Felix seinen mechanischen Wecker auf 9 Uhr. In wie vielen Stunden hört man den Wecker klingeln?

Problem 10.9 Richards Uhr ist kaputt. Der Minutenzeiger macht eine ganze Umdrehung in 56 min. Um 8 Uhr zeigt sie die genaue Zeit.

a) Wann zeigt sie 3 Uhr?
b) Was zeigt sie um 3 Uhr?

Problem 10.10 Es gibt zwei Schnüre. Jede Schnur brennt in 1 h vollständig, allerdings nicht gleichmäßig, ab. Wie könnte man mit diesen beiden Schnüren 45 min abmessen?

Problem 10.11 Im Gemeinschaftszimmer eines handy- und computerfreien Sommerlagers hängt eine große Uhr, die richtig läuft. Die Wanduhren in den Schlafsälen stehen. Wie stellt man die Uhr in einem Schlafsaal, wenn man keine weiteren Uhren außer der Uhr im Gemeinschaftszimmer zur Verfügung hat?

Problem 10.12 Nach einer Operation wird dem Patienten alle 3 h ein Medikament gegen Schmerzen injiziert. Um 11 Uhr bekommt der Patient die erste Spritze und um 23 Uhr die letzte. Wie viele Spritzen hatte der Patient nach 12 h insgesamt bekommen?

Problem 10.13 Um 5 Uhr hört man 8 s lang die Kirchenglocke läuten. Wie lange schlägt die Glocke am Mittag?

Problem 10.14 Ich habe zwei Sanduhren. Die erste Uhr hat grüne Sandkörner und braucht genau 8 min um einmal durchzulaufen. Der Sand in der zweiten Uhr ist blau und läuft in 5 min komplett durch. Könnte man mithilfe dieser beiden Uhren

- 3 min,
- 4 min,
- 7 min,
- jede natürliche Anzahl an Minuten

stoppen?

Problem 10.15 Wie lange benötigen 100 Katzen, um 100 Mäuse zu fangen, wenn 10 Katzen in 10 min 10 Mäuse fangen?

(A) 100 min   (B) 10 min   (C) 1000 min   (D) 1 min   (E) 50 min

(Schweizer Pangea-Mathematikwettbewerb, Vorrunde 2013, 5. Kl., Auf. 13)

Problem 10.16 Eine Sängerin beherrscht 50 Lieder mit einer Dauer von jeweils 3 min und 50 Lieder mit 5 min (alle Lieder einschließlich einer kurzen Pause davor und danach). Sie möchte eine DVD mit einer Spieldauer von genau 3 h erstellen. Wie viele Lieder kann sie dort maximal unterbringen?

(A) 36   (B) 40   (C) 56   (D) 60   (E) 100

(Schweizer Pangea-Mathematikwettbewerb, Vorrunde 2013, 6. Kl., Auf. 14)

Problem 10.17 Wandle um in Minuten: $\frac{5}{4}$ h

(A) 54 min (B) 125 min (C) 45 min (D) 75 min (E) 15 min

(Schweizer Pangea-Mathematikwettbewerb, Vorrunde 2014, 6. Kl., Auf. 5)

Problem 10.18 Eine Schnecke bewegt sich in jeder Minute 6 cm vorwärts. Wie lange braucht sie für 4,80 m?

(A) 0, 8 min (B) 28, 8 min (C) 1 h 20 min (D) 10 h 8 min (E) 8 h

(Schweizer Pangea-Mathematikwettbewerb, Vorrunde 2014, 6. Kl., Auf. 8)

Problem 10.19 Wie viele Stunden sind 352800 s?

(A) 89 h (B) 91 h (C) 94 h (D) 97 h (E) 98 h

(Deutscher Pangea-Mathematikwettbewerb, Vorrunde 2015, 5. Kl., Auf. 10)

Problem 10.20 Eine von zwei Uhren geht alle 5 min eine Minute nach, die zweite Uhr alle 6 min eine Minute nach. Man stellt die beiden gleichzeitig um 12:00 Uhr richtig ein. Wie viel Uhr zeigt die zweite Uhr, wenn die erste 14:00 Uhr anzeigt?

(A)   13:40 Uhr
(B)   13:50 Uhr
(C)   13:55 Uhr
(D)   14:05 Uhr
(E)   14:10 Uhr

(Schweizer Pangea-Mathematikwettbewerb, Vorrunde 2016, 5. Kl., Auf. 19)

Problem 10.21 Die große Uhr von Familie Maier schlägt zu jeder Viertelstunde einmal, zu jeder halben Stunde zweimal, zu jeder Dreiviertelstunde dreimal, zu jeder vollen Stunde viermal. Wie oft schlägt sie heute von 12:12 Uhr bis 3 min vor Mitternacht?
(Deutscher Pangea-Mathematikwettbewerb, Finale 2014, 5. Kl., Auf. 1)

Problem 10.22 Zwei Digitaluhren zeigen jetzt genau 00:00:00 Uhr. Nach einer Stunde geht die zweite Uhr gegenüber der ersten Uhr eine Minute vor. Nach welcher Zeit zeigen beide Uhren wieder die gleiche Uhrzeit an?

(A) nach 24 Tagen
(B) nach 60 Tagen
(C) nach 240 Tagen
(D) nach 3600 Tagen
(E) nie

(Schweizer Pangea-Mathematikwettbewerb, Vorrunde 2017, 6. Kl., Auf. 18)

Problem 10.23 An der Haltestelle „Rathaus" fahren regelmäßig Busse. Zwischen zwei Bussen vergeht immer gleich viel Zeit. Jetzt ist es 14:42 Uhr. Der letzte Bus fuhr vor 5 min ab, allerdings kam er 3 min zu spät. Der nächste Bus soll um 14:50 Uhr abfahren. Um wie viel Uhr soll der Bus danach abfahren?

(A) 14:58 Uhr
(B) 14:55 Uhr
(C) 15:00 Uhr
(D) 15:05 Uhr
(E) 15:06 Uhr

(Schweizer Pangea-Mathematikwettbewerb, Finale 2017, 5. Kl., Auf. 18)

Problem 10.24 Tobias hat 6 Kerzen. Um 10:00 Uhr zündet er die erste Kerze an, und alle zehn Minuten zündet er eine neue Kerze an. Jede Kerze brennt in 50 min ab. Wie viele Kerzen brennen um 11:35 Uhr?

(A) 1   (B) 2   (C) 3   (D) 4   (E) 0

(Deutscher Pangea-Mathematikwettbewerb, Vorrunde 2015, 5. Kl., Auf. 16)

Problem 10.25 Eine Kuckucksuhr hängt im Flur. Der Kuckuck meldet sich zu jeder Stunde und ruft um 1 Uhr und um 13 Uhr einmal, um 2 Uhr und um 14 Uhr zweimal, um 3 Uhr und 15 Uhr dreimal, usw. Zu jeder halben Stunde meldet er sich einmal. Wie oft ruft der Kuckuck an einem Tag?
(Deutscher Pangea-Mathematikwettbewerb, Finale 2016, 5. Kl., Auf. 5)

Problem 10.26 Anne besucht ein Museum von 11.17 Uhr bis 13.03 Uhr. Michael kommt um 10.45 Uhr in das Museum und verlässt es nach 108 min wieder. Paula bleibt nur genau 94 min dort. Sie geht um 13.26 Uhr. Wie lange waren Michael und Paula gemeinsam im Museum?

(A) 33 min
(B) 39 min
(C) 41 min
(D) 45 min
(E) 94 min

(Schweizer Pangea-Mathematikwettbewerb, Vorrunde 2013, 5. Kl., Auf. 17)

Problem 10.27 Wie spät ist es?

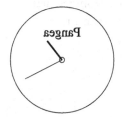

(A) 13:40 Uhr
(B) 13:20 Uhr
(C) 14:40 Uhr
(D) 22:20 Uhr
(E) 23:40 Uhr

(Deutscher Pangea-Mathematikwettbewerb, Vorrunde 2015, 5. Kl., Auf. 2)

10.3 Und weil es so schön war, machen wir das noch mal

Problem 10.28 Löse das folgende Zahlenrätsel, finde dabei alle Lösungen:

$$
\begin{array}{r}
LIES \\
+ \quad EIN \\
\hline
BUCH
\end{array}
$$

Problem 10.29 Wie spät ist es jetzt, wenn der Rest des Tages noch doppelt so viele Stunden enthält, wie schon vergangen sind?

Problem 10.30 Füge die Operationszeichen „+“, „−“, „·“, „÷“ sowie Klammern ein, damit die Rechnung stimmt:

a) $5\,5\,5\,5\,5 = 5$
b) $5\,5\,5\,5\,5 = 6$
c) $5\,5\,5\,5\,5 = 7$
d) $5\,5\,5\,5\,5 = 8$
e) $5\,5\,5\,5\,5 = 9$

Problem 10.31 Winnie Puuh hat von seinem Freund Ferkel ein Fässchen mit Honig zum Geburtstag geschenkt bekommen, das insgesamt 7 kg schwer war. Nachdem die Hälfte des Honigs aufgegessen worden war, wog das halbvolle Fässchen immer noch 5 kg. Wie viel Honig war im Fässchen zu Beginn?

Problem 10.32 Wie viele dreistellige Zahlen haben genau eine Eins in ihrer Dezimaldarstellung?

Problem 10.33 Der Bau kann von 10 Bauarbeitern in 8 Tagen errichtet werden. Wie viele Bauarbeiter muss man noch einstellen, damit der Bau in 2 Tagen fertig wird?

Problem 10.34 Ein Wassertank umfasst 270 l Wasser, wenn er ein Drittel gefüllt ist. Wie viel Liter Wasser umfasst der Wassertank, wenn er ein Drittel leer ist?

11

Damit man nicht nur Bahnhof versteht

Die Mathematik transportiert uns in die Regionen des Unbekannten, von wo wir mit herrlichen neuen Entdeckungen zurückkehren.

(„Times" vom 04.08.1846)

In diesem Kapitel wird insbesondere die arithmetische Vorgehensweise für die Aufgabenstellungen zu „Weg, Zeit, Geschwindigkeit" thematisiert.

11.1 Achtung, fertig, los!

Problem 11.1 Zwei Fähren fahren mit gleichmäßiger Geschwindigkeit zur gleichen Zeit von den gegenüberliegenden Ufern eines Flusses los und aufeinander zu. Ihr Treffpunkt liegt 120 m von einem Ufer entfernt. Sobald die Fähren die Ufer erreichen, machen sie einen fünfminütigen Halt und fahren zurück. Dabei treffen sie sich wieder 50 m von dem anderen Ufer entfernt. Wie breit ist der Fluss?

Lösung 11.1 Als die Fähren sich zum ersten Mal treffen, haben sie die Strecke zurückgelegt, die gleich der Flussbreite ist.

Ergäzende Information Die elektronische Version dieses Kapitels enthält Zusatzmaterial, das berechtigten Benutzern zur Verfügung steht https://doi.org/10.1007/978-3-662-64015-9_11.

Bis zum zweiten Treffen legen sie zusammen noch zwei Flussbreiten zurück. Dann ist die reine Fahrzeit bis zum zweiten Treffen gleich der dreifachen Fahrzeit bis zum ersten Treffen.

Eine Fähre ist bis zum ersten Treffen 120 m gefahren, dann musste sie bis zum zweiten Treffen 360 m insgesamt gefahren zu sein. Diese Strecke ist 50 m länger als die Flussbreite.

Somit ist der Fluss

$$120 \cdot 3 - 50 = 310 \, \text{m}$$

breit.

Problem 11.2 Die Häuser von David und Daniel befinden sich in der gleichen Entfernung von der Schule. David fährt immer mit dem Fahrrad zur Schule und zurück. Daniel geht normalerweise zu Fuß, dabei ist er zweimal langsamer als David mit seinem Fahrrad. Nach dem Schulschluss verlassen sie heute gleichzeitig das Schulgebäude. Nachdem Daniel

a) die Hälfte,
b) ein Drittel,
c) vier Neuntel

des Wegs nach Hause zurückgelegt hat, holt ihn sein Vater mit dem Auto ein und nimmt ihn mit. Wer war schneller zu Hause, wenn man mit dem Auto fünfmal schneller unterwegs ist als mit dem Fahrrad?

Lösung 11.2 David ist mit dem Fahrrad zweimal schneller als Daniel zu Fuß. David legt deswegen in derselben Zeit eine doppelt so lange Strecke zurück wie Daniel.

a) Als David zu Hause ankam, befand sich Daniel noch auf dem halben Weg nach Hause. Dass er dort von seinem Vater mit dem Auto eingeholt und mitgenommen wurde, spielte keine Rolle mehr. David war also schneller zu Hause.
b) Als Daniel ein Drittel des Weges zurücklegte und von seinem Vater eingesammelt wurde, legte David zwei Drittel des Weges zurück. Ihm blieb noch,

$$1 - \frac{2}{3} = \frac{1}{3}$$

des Weges zu fahren. In der Zeit, die Daniel mit seinem Vater für zwei Drittel des Weges brauchte, legte David eine fünfmal kürzere Strecke zurück:

$$\frac{2}{3} \div 5 = \frac{2}{15}$$

Da zwei Fünfzehntel weniger ist als ein Drittel, schafft es David nicht, vor Daniel mit seinem Vater zu Hause zu sein. Daniel kommt schneller nach Hause als David.

c) Als Daniel vier Neuntel des Weges zurücklegte und von seinem Vater eingesammelt wurde, legte David acht Neuntel des Weges zurück. Ihm blieb noch, ein Neuntel zu fahren. In der Zeit, die David für diese Strecke braucht, legt man mit dem Auto eine fünfmal längere Strecke zurück. Da Daniel mit seinem Vater noch

$$1 - \frac{4}{9} = \frac{5}{9}$$

des Weges fahren mussten, also fünfmal weiter als David, kommen sie alle gleichzeitig zu Hause an.

11.2 Aufgaben zum selbstständigen Lösen

Problem 11.3 Felix ist ein Pendler, der jeden Tag mit dem Zug zur Arbeit fährt. Von der Arbeit kommt er normalerweise um 18:30 Uhr am Bahnhof in seinem Heimatort an, wo er von seiner Frau mit dem Auto abgeholt wird. Heute machte Felix früher Schluss und kam schon um 17:30 Uhr am Bahnhof in seinem Heimatort an. Er entschied sich, seiner Frau entgegenzulaufen. Ein wenig später trafen sie sich auf der Straße und fuhren sofort nach Hause. Zu Hause kam Felix 20 min früher an als sonst. Um wie viel Uhr traf Felix seine Frau auf der Straße?

Problem 11.4 Für die Fahrt über eine 450 m lange Brücke braucht der Zug 45 s. An einer Ampel fährt derselbe Zug 15 s vorbei. Bestimme die Länge des Zuges und seine Geschwindigkeit.

Problem 11.5 Ein Zug ist 200 m lang und fährt an einer Gleislaterne in 4 s vorbei.

a) Wie viel Zeit braucht dieser Zug, um eine 400 m breite Brücke zu überqueren?
b) Mit welcher Geschwindigkeit fährt dieser Zug?

Problem 11.6 Die Heuschrecke Elvira hüpft fröhlich auf der Wiese. Bei einem ihrer Sprünge sieht sie ihre Freundin Ameise Amelie, die gerade davonkrabbelt. Wie weit muss Elvira hüpfen, um Amelie einzuholen und die letzten Neuigkeiten auszutauschen, wenn sie fünfmal schneller vorankommt als Amelie, sich aber 200 m hinter ihr befindet?

Problem 11.7 Ein Motorradfahrer und ein Fahrradfahrer verlassen gleichzeitig Narzissendorf und fahren in Richtung Rosendorf. Nachdem der Fahrradfahrer ein Drittel des ganzen Weges zurückgelegt hat, hält er an einer Gaststätte an und fährt erst dann weiter, wenn dem Motorradfahrer nur noch ein Drittel der Strecke bis Rosendorf bleibt. Wenn der Motorradfahrer Rosendorf erreicht, dreht er sofort um und fährt zurück nach Narzissendorf. Erreicht der Motorradfahrer Narzissendorf schneller, als der Fahrradfahrer in Rosendorf ankommt?

Problem 11.8 Herr Schwarz und Herr Weiß machen gerade Fahrradtouren in der gleichen Umgebung. Um 13 Uhr fuhr Herr Schwarz aus Nelkenwiesen los und erreichte um 17 Uhr Tulpenhausen. Herr Weiß verließ um 11:30 desselben Tages Tulpenhausen und kam um 15:30 mit seinem Fahrrad in Nelkenwiesen an. Um wie viel Uhr haben sich die beiden auf der Landesstraße getroffen?

Problem 11.9 Drei Schnecken Slizzy, Sklizy und Smuzy haben über eine ebene, 10 cm lange Strecke ein Wettrennen veranstaltet. Als Sklizy die Zielgerade überquerte, musste Slizzy noch einen ganzen Zentimeter kriechen. Als Slizzy die Zielgerade überquerte, musste Smuzy noch genau einen Zentimeter kriechen. Wie weit von der Zielgeraden war Smuzy, als Sklizy das Rennen gewann?

Problem 11.10 Den Weg zur Schule lief Pinocchio zu Fuß. Auf dem Rückweg ist er die erste Hälfte des Weges auf einem Hund geritten und die zweite Hälfte auf einer Schildkröte. Die Geschwindigkeit des Hundes ist viermal größer und die Geschwindigkeit der Schildkröte ist zweimal kleiner als die Laufgeschwindigkeit von Pinocchio. Wäre er zu Fuß nicht schneller zu Hause?

Problem 11.11 Nachdem zwei Drittel des Weges vorbei waren, platzte einem Fahrradfahrer der Reifen. Den Rest der Strecke ging er zu Fuß, was doppelt so lange gedauert hat wie sein Fahren davor. Wie viel schneller ist er mit dem Fahrrad unterwegs als zu Fuß?

Problem 11.12 Wenn Frau Müller mit der Geschwindigkeit von 60 km/h fahren würde, würde sie 15 min zu spät zur Arbeit kommen. Führe sie 90 km/h, so käme sie 15 min zu früh. Mit welcher Geschwindigkeit soll Frau Müller fahren, damit sie pünktlich ankommt?

Problem 11.13 Zwei Züge fahren aneinander vorbei mit der gleichen Geschwindigkeit von 60 km/h. Ein Fahrgast, der im ersten Zug sitzt, bemerkt, dass der zweite Zug genau 6 s an ihm vorbeifuhr. Wie lang ist der zweite Zug?

Problem 11.14 An einem Samstag beschließt Veronika, ihre Großeltern zu besuchen, und fährt um 10 Uhr mit ihrem Fahrrad los. Als sie an einem Laden vorbeifährt, sieht sie plötzlich ihren Großvater, der gerade mit dem Auto ankommt, um ein paar Einkäufe zu tätigen. Veronika und ihr Großvater erledigen die Einkäufe zusammen und fahren gleichzeitig in Richtung des Hauses der Großeltern los. Der Großvater kommt genau 6 min vor Veronika zu Hause an. Wie lange dauert die Fahrt mit dem Fahrrad von Veronikas Wohnung bis zum Haus der Großeltern, falls der Großvater an dem Morgen auch um 10 Uhr zu dem Laden losfuhr und fünfmal schneller mit dem Auto war als Veronika mit ihrem Fahrrad?

Problem 11.15 Nach einem heftigen Streit laufen Younes und Leo in die entgegengesetzten Richtungen voneinander weg. Nach 2 min beschließt Leo, doch noch Frieden zu schließen und dreht um. Wie viel mal muss Leos Renngeschwindigkeit gesteigert werden, um Younes in 2 min einzuholen?

Problem 11.16 Auf der Route einer Buslinie werden zwölf Busse eingesetzt, die mit 20-minütigen Abständen dieselben Haltestellen anfahren.

a) Wie lange müsste man auf den Bus maximal warten, wenn 15 Busse die Route bedienen würden?
b) Wie viele Busse müssten die Route bedienen, damit sie mit 15-minütigen Abständen dieselben Haltestellen anfahren würden?
c) Wie viele Busse muss man noch einsetzen, damit das Warten um ein Fünftel verkürzt wird?

Problem 11.17 Eine Frau fährt mit dem Fahrrad von Zürich nach Rom. Sie legt pro Tag 80 km zurück. Ihr Mann fährt einen Tag später los, hat aber die Geschwindigkeit von 90 km pro Tag. Wann holt er seine Frau ein?

Problem 11.18 Wegen einer Grippe konnten heute 3 von 18 S-Bahnfahrern, die die S-Bahnlinie 10 fahren mussten, ihre Schicht nicht antreten. Da man keinen Ersatz gefunden hat, verkehren heute die S-Bahnen in längeren Zeitabständen. Wie viel länger muss man heute auf die S-Bahn 10 warten, wenn normalerweise die Wartezeit 10 min beträgt?

Problem 11.19 Für den Schulweg brauche ich 15 min und mein Bruder 20 min. In wie vielen Minuten hole ich meinen Bruder ein, wenn er 2,5 min früher aus dem Haus geht?

Problem 11.20 Ein Eichhörnchen holt eine Nuss in 20 min ins Nest. Wie weit ist der Nussbaum vom Nest entfernt, wenn es ohne die Nuss 5 m/s und mit der Nuss 3 m/s unterwegs ist?

Problem 11.21 Ein Auto fährt mit der Geschwindigkeit von

a) 20 km/h
b) 40 km/h
c) 60 km/h

Auf wie viel muss man die Geschwindigkeit erhöhen, damit man bei jedem Kilometer 1 min schneller ist?

Problem 11.22 Ein König mit seinem Gefolge fährt aus dem Winterpalast in die Sommerresidenz, wo ihn die Königin erwartet, mit der Geschwindigkeit von 5 km/h. Jede Stunde schickt er zur Königin Eilboten mit verschiedenen Nachrichten und Aufträgen. Die Eilboten haben dieselbe Geschwindigkeit von 25 km/h. In welchen Zeitabständen kommen die Eilboten in der Sommerresidenz an?

Problem 11.23 Ein Lastwagen braucht für eine bestimmte Strecke 10 h. Wenn er aber pro Stunde 10 km schneller wäre, würde er nur 8 h für dieselbe Strecke brauchen. Wie schnell fährt dieser Lastwagen?

Problem 11.24 Als der Nachbarskater Arnold das Haus heute Morgen verließ, spazierte er zuerst 45 min mit der Durchschnittsgeschwindigkeit von 4 km/h. Danach sah er den Rottweiler Eric und beschloss, ihm so schnell wie möglich aus dem Weg zu gehen. Arnold rannte 3 min mit der Geschwindigkeit von 40 km/h zurück nach Hause. Wie hoch war Arnolds Durchschnittsgeschwindigkeit heute Morgen?

Problem 11.25 Der Schulweg dauert bei Vierka 20 min. Einmal auf dem Weg zur Schule bemerkt sie, dass sie ein Schulbuch zu Hause vergessen hat. Wenn sie mit derselben Geschwindigkeit weiterläuft, dann kommt sie 8 min zu früh in der Schule an. Falls sie jetzt aber nach Hause zurückkehrt, um das Buch zu holen, und dann sofort wieder zur Schule geht, ist sie 10 min zu spät. Welchen Bruchteil des Weges hat sie schon hinter sich?

Problem 11.26 Zwei Brüder Alex und Lucas wollen ihre Oma besuchen. Alex möchte etwas für seine Gesundheit tun und entscheidet sich, mit dem Fahrrad zu fahren. Lucas fährt die Hälfte des Weges mit dem Auto mit einer konstanten Geschwindigkeit, die fünfmal größer ist als die Geschwindigkeit des Fahrrads von Alex. Danach geht sein Auto kaputt, und er läuft die andere Hälfte zu Fuß mit der konstanten Geschwindigkeit, die doppelt so klein ist wie die Geschwindigkeit des Fahrrads. Wer von den beiden erreicht das Haus der Oma früher?

Problem 11.27 Um 30 min vor dem Rotkäppchen bei der Großmutter ein-
zutreffen, steigert der Wolf seine Geschwindigkeit in der zweiten Weghälfte
um 25 %. Wie lange war der Wolf zu Rotkäppchens Großmutter unterwegs?

Problem 11.28 Fabian soll einen Sandhaufen abtransportieren. Wenn er seinen Schubkarren jedes Mal mit 72 kg belädt, muss er 84-mal fahren. Wie viel
kg müsste er laden, damit er nur 63-mal fahren muss?

(A) 96 kg   (B) 90 kg   (C) 88 kg   (D) 60 kg   (E) 48 kg

(Schweizer Pangea-Mathematikwettbewerb, Finale 2016, 5. Kl., Auf. 9)

Problem 11.29 Für einen Hürdenlauf platziert Karl Hürden auf einer Strecke
mit einem Abstand von 20 m zwischen je zwei Hürden. Auf einer zweiten,
gleich langen Strecke platziert er Hürden mit einem Abstand von jeweils 16 m.
Auf die zweite Strecke passen 6 Hürden mehr. Wie viele Hürden hat er auf der
ersten Strecke platziert?

(A) 20   (B) 24   (C) 55   (D) 36   (E) 42

(Schweizer Pangea-Mathematikwettbewerb, Vorrunde 2017, 6. Kl., Auf. 16)

Problem 11.30 Lisa und Luna laufen auf einer 400-Meter-Strecke um die Wette. Weil Lisa zweieinhalbmal schneller als Luna ist, soll Luna einen Vorsprung bekommen. Wie groß muss dieser Vorsprung sein, damit beide gleichzeitig ins Ziel kommen?

(A) 200 m   (B) 215 m   (C) 230 m   (D) 240 m   (E) 300 m

(Schweizer Pangea-Mathematikwettbewerb, Vorrunde 2017, 6. Kl., Auf. 19)

Problem 11.31 Lukas ist mit dem Fahrrad dreimal so schnell wie Peter beim Inline-Skater-Fahren. Um 12:00 Uhr fährt Peter los und legt in 20 min 7 km zurück. Um 12:40 Uhr fährt Lukas mit dem Fahrrad hinterher. Wann holt Lukas Peter ein?

(A) um 13:00 Uhr
(B) um 13:10 Uhr
(C) um 13:20 Uhr
(D) um 13:30 Uhr
(E) um 13:40 Uhr

(Schweizer Pangea-Mathematikwettbewerb, Finale 2017, 5. Kl., Auf. 12)

Problem 11.32 Gauß will von Mathe-Dorf nach Pangea-Stadt fahren. Nachdem er $\frac{3}{5}$ des Weges hinter sich gebracht hat, fährt er doppelt so schnell wie bisher. Er erreicht in 20 h Pangea-Stadt. Wie lange ist er gefahren, bevor er seine Geschwindigkeit verdoppelt hat?

(A) 5 h   (B) 8 h   (C) 10 h   (D) 12 h   (E) 15 h

(Schweizer Pangea-Mathematikwettbewerb, Vorrunde 2012, 6. Kl., Auf. 21)

11.3 Und weil es so schön war, machen wir das noch mal

Problem 11.33 Finde alle Lösungen des Zahlenrätsels:

$$
\begin{array}{r}
WIND \\
+\ WIND \\
+\ \underline{WIND} \\
STURM
\end{array}
$$

Problem 11.34 Wie viele vierstellige Zahlen haben keine Eins in ihrer Dezimaldarstellung?

Problem 11.35 Wie oft am Tag bilden die Uhrzeiger einen gestreckten Winkel?

Problem 11.36 Vier Ameisen bekämpfen vier Wespen in vier Tagen. Wie viele Ameisen bekämpfen acht Wespen in acht Tagen?

Problem 11.37 Ich habe zwei Sanduhren. Die erste Uhr hat grüne Sandkörner und braucht genau 7 min, um einmal durchzulaufen. Der Sand in der zweiten Uhr ist blau und läuft in 3 min komplett durch. Könnte man mithilfe dieser beiden Uhren

- 4 min,
- 5 min,
- 10 min,
- jede natürliche Anzahl an Minuten

stoppen? Wenn ja, wie?

12

Von Springern und Marsmännchen mit seinen Armen

Die Mathematik als Fachgebiet ist so ernst, dass man keine Gelegenheit versäumen sollte, dieses Fachgebiet unterhaltsamer zu gestalten.

Blaise Pascal

Eine ganze Zahl heißt **gerade,** *wenn sie ohne Rest durch zwei teilbar ist. Daher sind alle Zahlen, die mit 0, 2, 4, 6 oder 8 enden, gerade. Eine gerade Anzahl von Objekten kann in Paare aufgeteilt werden. Andere Zahlen nennt man* **ungerade.**
Bei vielen Aufgaben helfen die Eigenschaften der Summe, der Differenz und des Produktes von geraden und ungeraden Zahlen:

$$gerade \pm gerade = gerade,$$
$$ungerade \pm ungerade = gerade,$$
$$ungerade \pm gerade = ungerade,$$

$$gerade \cdot gerade = gerade,$$
$$ungerade \cdot ungerade = ungerade,$$
$$ungerade \cdot gerade = gerade$$

Blaise Pascal, 1623–1662, französischer Mathematiker und Philosoph

---

Ergäzende Information Die elektronische Version dieses Kapitels enthält Zusatzmaterial, das berechtigten Benutzern zur Verfügung steht https://doi.org/10.1007/978-3-662-64015-9_12.

© Springer-Verlag GmbH Deutschland, ein Teil von Springer Nature 2022
T. S. Samrowski, *Matherätsel (nicht nur) für Begabte der Klassen 4 bis 6,*
https://doi.org/10.1007/978-3-662-64015-9_12

12.1 Beispiele

Problem 12.1 Kann man 16 Äpfel unter drei Kindern so aufteilen, dass jedes Kind eine ungerade Anzahl von Äpfeln bekommt?

Lösung 12.1 Die Summe von drei ungeraden Zahlen ist immer ungerade. Die Zahl 16 ist dagegen gerade, deswegen ist die gefragte Aufteilung nicht möglich.

Problem 12.2 Ein Springer steht auf A1. Kann er auf H8 kommen und dabei genau einmal alle anderen Felder des Schachbrettes betreten?

Hinweis: Ein Springer ist eine Schachfigur. Der Zug des Springers erfolgt von seinem Ausgangsfeld immer zwei Felder geradeaus (in einer der vier Richtungen) und dann ein Feld links oder rechts davon auf sein Zielfeld.

Lösung 12.2 Das Schachbrett hat 64 Felder, 32 davon sind schwarz, und die anderen 32 sind weiß. Die Felder A1 und H8 sind beide schwarz. Der Springer muss somit 63 Sprünge machen. Mit jedem Zug wechselt der Springer die Farbe des Feldes und kommt so nach eine ungeraden Anzahl von Zügen von A1 auf ein weißes Feld. Nach einer geraden Anzahl von Zügen steht der Springer wieder auf dem Feld mit der Farbe des Startfeldes (in unserem Fall auf Schwarz). Da 63 eine ungerade Zahl ist, wird der Springer nach 63 Sprüngern auf einem weißen Feld stehen, das sicher nicht H8 sein kann.

Problem 12.3 Auf dem Tisch befinden sich vier Münzen, drei von diesen liegen mit dem Kopf und eine mit der Zahl nach oben. Man darf in einem Zug zwei Münzen umdrehen. Nach wie vielen Zügen liegen alle Münzen mit dem Kopf nach oben?

Lösung 12.3 Wenn man zwei Münzen, die mit dem Kopf nach oben liegen, umdreht, dann bleibt immer noch ein Kopf auf dem Tisch. Wenn man dann zwei Zahlen umdrehen würde, erscheinen wieder drei Köpfe und eine Zahl. Wenn man einen Kopf und eine Zahl gleichzeitig umdreht, dann ändert sich die Anzahl der Köpfe und der Zahlen nicht. Somit bleibt die Anzahl der Köpfe immer ungerade, kann also niemals vier werden.

Problem 12.4 Kater Arnold ist 3 Jahre alt und auf den Tag genau 1 Jahr älter als seine Freundin Mathilde. Wann werden sie zusammen 14 Jahre alt sein?

Lösung 12.4 Wenn man natürliche Zahlen auf einer Zahlengerade betrachtet, stellt man fest, dass nach einer ungeraden Zahl immer eine gerade Zahl steht und umgekehrt. Dann ist die Summe zweier aufeinanderfolgenden Zahlen immer ungerade. Da Arnold genau 1 Jahr älter ist als Mathilde, kann die Summe ihrer Alter nur eine ungerade Zahl sein. Die Zahl 14 ist aber gerade, somit lautet die Antwort dieser Aufgabe „NIE".

12.2 Aufgaben zum selbstständigen Lösen

Problem 12.5 Ein Springer steht auf A1. Kann er nach 999 Zügen wieder auf dem Feld A1 stehen? Und nach 8888 Zügen?

Problem 12.6 Elvira ist eine Heuschrecke, die in einem Häuschen auf der Wiese wohnt. Jeden Tag geht sie spazieren und kehrt noch vor Dunkelheit wieder heim. Elvira springt immer nur nach vorne oder nach hinten mit gleichgroßen Sprüngen von je 1 m. Beweise, dass sie jeden Tag eine gerade Anzahl von Sprüngen macht.

Problem 12.7 20 nummerierte Chips liegen geordnet in einer Reihe. Kann man diese Chips in die umgekehrte Reinfolge bringen, indem man nur die Chips tauscht, die den gleichen Nachbarn haben?

Problem 12.8 Eine hungrige Königskobra Ouro traf auf einer Waldstraße die junge Manguste Super-Flinki, die gerade auf dem Heimweg war. Die hinterhältige Schlange wollte die Manguste angreifen, aber Super-Flinki trug ihren Namen nicht umsonst. Blitzschnell sprang sie zur Seite und Ouro biss sich in den eigenen Schwanz. Super-Flinki rannte so schnell sie konnte nach Hause. Vor dem Haus fasste sie Mut und erzählte ihrem Bruder, dass sie nicht nur extrem tapfer gekämpft habe, sondern auch noch 999-mal über die Kobra hinweggesprungen ist. Da wusste der Bruder, dass die Geschichte nicht ganz wahr ist. Warum?

Problem 12.9 Ist die Parität der Summe und der Differenz zweier ganzer Zahlen gleich?

Hinweis: Parität bezeichnet in Mathematik die Eigenschaft einer ganzen Zahl, gerade oder ungerade zu sein.

Problem 12.10 Kann man ein 4×4-Quadrat aus den natürlichen Zahlen so zusammensetzen, dass die Summen der Zahlen in jeder Zeile und die Produkte der Zahlen in jeder Spalte ungerade sind?

Problem 12.11 Kann man ein 5×5-Quadrat aus den Zahlen 1, 2, …, 24, 25 so zusammensetzen, dass die Summe einiger Zahlen in jeder Zeile gleich der Summe der anderen Zahlen in dieser Zeile ist?

Problem 12.12 Auf der Straße stehen 73 weiße Laternen. Jeden Tag kommt ein Maler und streicht vier Laternen wie folgt: Wenn die Laterne weiß war, wird sie schwarz gestrichen; war die Laterne schwarz, dann streicht er sie weiß. Kann es irgendwann dazu kommen, dass alle 73 Laternen schwarz sind?

Problem 12.13 Die Summe von zwei ganzen Zahlen wurde mit deren Produkt multipliziert. Kann das Ergebnis 2019 sein?

Problem 12.14 Ist die Summe gerade oder ungerade, wenn

a) Drei Summanden ungerade und fünf gerade sind?
b) 2019 Summanden ungerade und 25 gerade sind?
c) 2020 Summanden ungerade und 75 gerade sind?

Problem 12.15 Peter kaufte vier Bleistifte, zwei Lineale, acht Hefte, einige Kugelschreiber (je 2,20 EUR), drei Radiergummis (je 1,95 EUR) und eine Mappe (4,40 EUR). Der Gesamtpreis soll seiner Schätzung nach 58,20 EUR betragen. Beweise, dass er damit falsch liegt.

Problem 12.16 Jedes Marsmännchen hat fünf Hände. Können sieben Marsmännchen alle ihre Händchen halten?

Problem 12.17 Einst fragte Tom seinen Nachbarn, wie alt er sei. „Falls du mein Alter mit 8 multiplizierst und 6 dazu addierst, bekommst du 327", war seine Antwort. „Das kann ja niemals sein!", dachte Tom sofort. Warum?

Problem 12.18 Zu meiner Geburtstagsparty habe ich alle Kekse selbst gebacken. 25 Kekse haben einen Zuckerüberzug bekommen, 20 Kekse habe ich mit den bunten Zuckerstreuseln verziert. Jeder Gast soll gleich viele meiner wunderschönen und, natürlich, ganzen Keksen bekommen. Gelingt mir das Aufteilmanöver, wenn genau so viele Mädchen wie Jungen zu meiner Geburtstagsparty erschienen sind und ich selbst keine Kekse essen möchte?

Problem 12.19 In 13 Legoschachteln befinden sich 2698 Legosteine. Auf jeder Schachtel ist die Anzahl der Legosteine in der Schachtel angeschrieben. Ist das Produkt dieser Zahlen gerade oder ungerade?

Problem 12.20 Darius hat neun Schokotafeln. Er unterteilt einige Tafel in sieben, einige in elf und einige in 15 Teile. Können dabei 100 Teile entstehen?

Problem 12.21 Anna schreibt auf einem Blatt die Zahlen 1, 2, …, 998, 999 mit einem Bleistift auf und gibt das Blatt ihrem Bruder Thomas. Er wählt zwei Zahlen aus, radiert diese weg und notiert die Differenz dieser zwei Zahlen auf demselben Blatt. Das Vorgehen wiederholt er so lange, bis eine einzige Zahl übrigbleibt. Kann diese Zahl 0 sein? Wenn das geht, dann soll man erläutern, wie genau. Wenn das nicht geht, dann soll man erklären, warum.

Problem 12.22 In einer Klasse gibt es 25 Schüler. Kann jeder Schüler mit genau sieben anderen Schülern seiner Klasse befreundet sein?

Problem 12.23 Kann man einen 200-Franken-Schein mit 55 Münzen wechseln, wenn man nur 1-Franken-Stücke und 5-Franken-Stücke hat?

Problem 12.24 Wie viele gerade Zahlen gibt es zwischen 543 und 2021?

　(A) 738　　　(B) 739　　　(C) 740　　　(D) 1478　　　(E) 1479

Problem 12.25 Wie viele ungerade Zahlen zwischen 1 und 100 sind nicht durch 3 teilbar?

Problem 12.26 Wie viele ungerade Zahlen gibt es, die größer als 1997 und kleiner als 2021 sind?

12.3 Und weil es so schön war, machen wir das noch mal

Problem 12.27 Finde alle Lösungen des Zahlenrätsels:

$$
\begin{array}{r}
ZWEI \\
+\ ZWEI \\
+\ ZWEI \\
\hline
DREI
\end{array}
$$

Problem 12.28 Letzten Sommer fuhren wir mit unserem Auto in die Ferien. Vor dem Haus zeigte der Kilometerzähler 18.981. „So eine schöne Zahl sehen wir nicht so schnell wieder", dachte ich zuerst. Aber schon in 88 min haben wir die nächste „schöne" Zahl gesehen. Mit welcher Geschwindigkeit sind wir gefahren?

Problem 12.29 Wie spät ist es jetzt, wenn der Rest des Tages noch dreimal so viele Stunden enthält, wie schon vergangen sind?

Problem 12.30 Ein Öltank umfasst 560 Liter Wasser, wenn er zwei Drittel gefüllt ist. Wie viel Liter Wasser umfasst der Wassertank, wenn er ein Viertel leer ist?

Problem 12.31 Eine elektronische Uhr zeigt 11:11. Was zeigt sie beim nächsten und dem übernächsten Mal, wenn die Summe der Stunden und der Minuten dieselbe ist?

Problem 12.32 Wir nennen eine Zahl „Rolltreppenzahl", wenn von links nach rechts gelesen die nachfolgende Ziffer stets größer ist als die vorangehende, z. B. 23.568, 4569 und 135. Finde alle Rolltreppenzahlen, die größer als 3000 und kleiner als 4000 sind.

13

Freude am Teilen

Glück ist das Einzige, was sich verdoppelt, wenn man es teilt.

(Chinesisches Sprichwort)

In diesem Abschnitt beschäftigen wir uns mit dem Begriff der Teilbarkeit. Man kann den Begriff der Teilbarkeit auf verschiedene Weise erklären:

Definition 13.1 Man nennt eine natürliche Zahl n durch eine andere natürliche Zahl k teilbar, falls bei der Division $n \div k$ kein Rest bleibt.

Definition 13.2 Eine natürliche Zahl n ist durch eine andere natürliche Zahl k teilbar, falls man n Objekte in einige Gruppen unterteilen kann mit genau k Objekten in jeder Gruppe.

Definition 13.3 Eine natürliche Zahl n ist durch eine andere natürliche Zahl k teilbar, falls man n Objekte in k Gruppen mit gleich vielen Objekten in jeder Gruppe unterteilen kann.

Man schreibt in diesen Fällen $k \mid n$ und sagt:

„k ist ein Teiler von n"

oder $n \vdots k$ und sagt:

Ergäzende Information Die elektronische Version dieses Kapitels enthält Zusatzmaterial, das berechtigten Benutzern zur Verfügung steht https://doi.org/10.1007/978-3-662-64015-9_13.

© Springer-Verlag GmbH Deutschland, ein Teil von Springer Nature 2022
T. S. Samrowski, *Matherätsel (nicht nur) für Begabte der Klassen 4 bis 6*,
https://doi.org/10.1007/978-3-662-64015-9_13

„n ist durch k teilbar."

Den Ausdruck $k \nmid n$ liest man als

„k teilt n nicht "

oder

„k ist **kein** Teiler von n."

Dabei gelten folgende Regeln:

(1) Sind die natürlichen Zahlen n und m durch eine natürliche Zahl k teilbar, so ist auch die Summe $n + m$ durch k teilbar.
(2) Sind die natürlichen Zahlen n und m durch eine natürliche Zahl k teilbar, so ist auch die Differenz $n - m$ durch k teilbar.
(3) Ist eine natürliche Zahl n durch eine natürliche Zahl k teilbar, und ist m eine weitere natürliche Zahl, so ist auch das Produkt nm durch k teilbar.
(4) Ist eine natürliche Zahl n durch eine natürliche Zahl k teilbar, so kann man schreiben $n = kx$, wobei x eine weitere natürliche Zahl ist.
(5) Jede natürliche Zahl ist durch sich selbst und durch die Zahl 1 teilbar.

Eine natürliche Zahl heißt **prim** oder **Primzahl**, wenn sie größer als 1 ist und genau zwei Teiler hat: Die Eins und sich selbst.

13.1 Beispiele

Problem 13.1 Nenne alle positiven Teiler von 36. Wie viele Teiler hat 36?

Lösung 13.1 $36 = 1 \cdot 36 = 2 \cdot 18 = 3 \cdot 12 = 4 \cdot 9 = 6 \cdot 6$.
   Die Zahl 36 hat somit neun positive Teiler: 1, 2, 3, 4, 6, 9, 12, 18, 36.

Problem 13.2 Finde eine Zahl, die genau zehn positive Teiler hat.

Lösung 13.2 $48 = 1 \cdot 48 = 2 \cdot 24 = 3 \cdot 16 = 4 \cdot 12 = 6 \cdot 8$.
   Die Zahl 48 hat somit zehn positive Teiler: 1, 2, 3, 4, 6, 8, 12, 16, 24, 48.

Problem 13.3 Finde eine Zahl, die genau fünf positive Teiler hat.

Lösung 13.3 $16 = 1 \cdot 16 = 2 \cdot 8 = 4 \cdot 4$.
   Die Zahl 16 hat somit fünf positive Teiler: 1, 2, 4, 8, 16.

Problem 13.4 Kann die Summe von drei verschiedenen positiven Zahlen durch jeden der Summanden teilbar sein?

Lösung 13.4 Ja: 1+2+3 = 6. Es gilt: $6 \vdots 1$, $6 \vdots 2$ und $6 \vdots 3$. Man kann dazu auch schreiben 1 | 6, 2 | 6 und 3 | 6.

Problem 13.5 Finde jeweils vier natürliche Zahlen, die

  a) durch 5 und durch 4
  b) durch 5, aber nicht durch 4
  c) durch 5 und durch 15
  d) durch 5, aber nicht durch 15
  e) durch 15, aber nicht durch 5

teilbar sind. Fange immer mit der kleinsten Zahl an.

Lösung 13.5   a) 20, 40, 80, 100
  b) 5, 10, 15, 25
  c) 15, 30, 45, 60
  d) 5, 10, 20, 25
  e) Solche Zahlen existieren nicht

Problem 13.6 Was ist die kleinste und die größtmögliche positive Differenz der beiden Zahlen, die man bekommt, wenn man zwei beliebige Primzahlen, kleiner als 10, hintereinander schreibt?

Lösung 13.6 Schreibt man zwei einstellige Zahlen a und b hintereinander, so entsteht entweder die zweistellige Zahl $\overline{ab} = 10a + b$ oder die Zahl $\overline{ba} = 10b + a$. Angenommen, $a > b$, dann bekommt man für die Differenz

$$\overline{ab} - \overline{ba} = 10a + b - 10b - a = 9a - 9b = 9(a - b).$$

Da a und b einstellige Primzahlen sind, kann $a - b = 1$ oder $a - b = 5$ sein. Dann ist die kleinste Differenz gleich 9 und die größtmögliche Differenz ist gleich 45.

13.2 Aufgaben zum selbständigen Lösen

Problem 13.7 Finde alle positiven Teiler der folgenden Zahlen

a) 7
b) 77
c) 777
d) 7777
e) 56
f) 72
g) 81
h) 121
i) 125
j) 0

Problem 13.8 Finde eine natürliche Zahl, die

a) nur einen einzigen positiven Teiler
b) genau zwei positiven Teiler
c) genau drei positiven Teiler
d) genau vier positiven Teiler
e) genau fünf positiven Teiler
f) genau sechs positiven Teiler
g) genau sieben positiven Teiler
h) genau acht positiven Teiler
i) genau neun positiven Teiler
j) genau zwölf positiven Teiler

hat.

Problem 13.9 Was kann man über die Anzahl der positiven Teiler von Quadratzahlen sagen?

Problem 13.10 Auf der Teiler-Insel wohnen Löser und Träumer. Löser können sehr gut rechnen und beherrschen Zahlentheorie. Träumer sind sehr talentiert, haben aber wenig Ahnung von Mathematik. Eines Tages treffen sich drei Freunde und führen ein wissenschaftliches Gespräch.

- Mister von Zirkel sagt, dass, falls zwei Zahlen durch 7 teilbar sind, dann ist auch ihre Differenz durch 7 teilbar.
- Mister von Kreis sagt, dass, falls zwei Zahlen durch 7 teilbar sind, dann ist auch ihre Summe durch 7 teilbar.
- Mister von Eck sagt, dass, falls die Differenz oder die Summe zweier natürlichen Zahlen durch 7 teilbar sind, dann sind auch die Zahlen selbst durch 7 teilbar.

Wer sind diese drei Männer: Löser oder Träumer?

Problem 13.11 Kann man

a) zwei
b) drei
c) vier
d) sieben
e) hundert

aufeinanderfolgende Zahlen finden, sodass keine von diesen Zahlen durch die Zahl

a) 2
b) 3
c) 4
d) 7
e) 100

teilbar ist?

Problem 13.12 Kann man die Zahlen

a) 1 bis 4
b) 1 bis 5
c) 1 bis 6
d) 1 bis 7
e) 1 bis 9

so im Kreis aufschreiben, dass jede Zahl durch die Differenz ihrer Nachbarn teilbar wäre?

Problem 13.13 Sind die folgenden Zahlen prim: 11, 51, 91, 111, 123, 211, 311, 613, 713, 2021?

Problem 13.14 Finde alle Paare von Primzahlen, dessen Differenz 11, 13 oder 17 ist.

Problem 13.15 Finde alle Primzahlen, die größer als 100 und kleiner als 150 sind.

Problem 13.16 Finde die kleinste und die größte Primzahl.

Problem 13.17 Kann man ein magisches 6×6-Quadrat aus den ersten 36 Primzahlen zusammensetzen?

Problem 13.18 Im Zuckerwatteland hat man als Währung Dillors, Dullors und Dellors. Ein Schokokeks kostet dort 13 Dillars. Für einen Dullor kann man eine gerade Anzahl von Dillors bekommen und für einen Dellor bekommt man eine ungerade Anzahl von Dillors. Floriel hat 7 Dillors, 1 Dullor und 3 Dellors und kauft für das ganze Geld eine bestimmte Anzahl von Schokokeksen für seine Geschwister. Ariel hat 20 Dillars, 3 Dellors und 14 Dullors. Kann er auch sein ganzes Geld für Schokokekse ausgeben, ohne dass irgendeine Münze übrig bleibt?

Problem 13.19 Ein junger Elfe Fjodor wurde im Jahr 2014 geboren. Zu jedem Geburtstag bekommt er von seinem Vater einen Pfeil geschenkt. Falls sein Alter ein Teiler des aktuellen Jahres ist, bekommt Fjodor einen goldenen Pfeil mit Diamanten, falls sein Alter kein Teiler des aktuellen Jahres ist, kriegt er einen Pfeil aus Silber mit Smaragden. In welchem Jahr bekommt Fjodor seinen letzten goldenen Pfeil mit Diamanten, wenn Elfen mehrere tausend Jahre alt werden können.
Hinweis: Im Jahr 2015 bekam Fjodor einen goldenen Pfeil mit einem Diamanten zu seinem ersten Geburtstag, weil 1 ein Teiler von 2015 ist. Auch im Jahr 2016 kriegte er einen goldenen Pfeil mit einem Diamanten, weil 2016 durch 2 teilbar ist. Allerdings zum dritten Geburtstag schenkte ihm sein Vater einen silbernen Pfeil mit einem Smaragden, denn 3 ist kein Teiler von 2017.

Problem 13.20 Finde alle Teiler der Zahl 8316, die kleiner als 50 sind.

Problem 13.21 Multipliziert man eine Zahl mit ihrer Quersumme, so bekommt man 1864. Welche Zahl ist es?

Problem 13.22 Itaj multipliziert die aufeinander folgenden positiven geraden Zahlen, bis das entstehende Produkt das erste Mal durch 4620 teilbar ist. Welche ist die größte Zahl, die er dabei benutzt hat?

Problem 13.23 Alle Schulen in Arithmetikdorf haben gleich viele Klassen. In jeder Klasse gibt es gleich viele Mädchen, die einen Hamster zu Hause haben. Dabei ist die Anzahl der Klassen in jeder Schule größer als die Anzahl der Mädchen mit einem Hamster pro Klasse. Die Anzahl der Mädchen mit einem Hamster in jeder Klasse ist größer als die Anzahl der Schulen in Arithmetikdorf, die größer als 1 ist. Wie viele Klassen gibt es in einer Schule, falls in Arithmetikdorf genau 105 Mädchen einen Hamster haben?

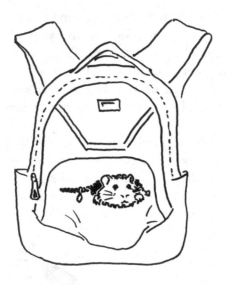

Problem 13.24 Welche der Zahlen ist kein Teiler von 110?

     (A) 1   *(B)* 10   *(C)* 12   *(D)* 22   *(E)* 110

Problem 13.25 Wie viele zweistellige Zahlen sind sowohl durch 2 als auch durch 9 ohne Rest teilbar?

     (A) 1   *(B)* 3   *(C)* 5   *(D)* 7   *(E)* 9

13.3   Und weil es so schön war, machen wir das noch mal

Problem 13.26 Eine Zahl wird jeweils durch 6, 8, und 12 geteilt. Es bleibt stets ein Rest von 3 übrig. In welchem Intervall liegt die kleinste dreistellige Zahl mit dieser Eigenschaft?

(A) [100; 110] (B) [111; 120] (C) [121; 130] (D) [131; 140] (E) [141; 150]

(Deutscher Pangea-Mathematikwettbewerb, Vorrunde 2013, 6 Kl., Aufgabe 15)

Problem 13.27 Wie lautet das Ergebnis von $abcabc : abc = ?$, wenn die unterschiedlichen Buchstaben für unterschiedliche Ziffern stehen?

(A) 11   (B) 101   (C) 1001   (D) 10001   (E) abc

(Deutscher Pangea-Mathematikwettbewerb, Vorrunde 2012, 6 Kl., Aufgabe 13)

Problem 13.28 Schneewittchen pflückte einen vollen Korb Blaubeeren im Garten und stellte ihn auf den Küchentisch mit dem Brief: „Meine lieben Zwerge, teilt diese Blaubeeren unter euch brüderlich auf." Als Happy nach Hause kam und den Brief sah, nahm er einfach einen Siebtel von allen Blaubeeren und ging in die Scheune. Danach kam Brummbär und machte dasselbe – er nahm einen Siebtel von den Blaubeeren, die er auf dem Tisch fand, und ging weg. So gingen auch die anderen vier vor. Als Letzter kam Schlafmütz in die Küche, las den Brief von Schneewittchen und nahm genau einen Siebtel von den Beeren im Korb. Wie viele Blaubeeren hatte Schneewittchen mindestens gepflückt?

Problem 13.29 Um 9 Uhr fuhr ein Lastwagen aus der Stadt A in die Stadt B los. Gleichzeitig fuhr ein Motorrad aus der Stadt B in die Stadt A. Nach 2 h begegneten sich die beiden Fahrzeuge. Um 14 Uhr erreichte der Lastwagen die Stadt B. Wann traf das Motorrad in der Stadt A ein?

Problem 13.30 Welches Datum hatten wir 2020 Minuten vor dem Datum 02.02.2020, 02.02 Uhr?

Problem 13.31 Können in einem Land genau 100 Landstraßen die Städte verbinden, falls aus jeder Stadt genau drei Landstraßen hinausführen?

14

Zweier Potenzen

Ein Optimist ist ein Mensch, der alles halb so schlimm oder doppelt so gut findet.

(Heinz Rühmann)

Teilbarkeit durch 2
Eine natürliche Zahl n ist durch 2 teilbar, wenn ihre letzte Ziffer eine 0, 2, 4, 6 oder 8 ist.
Beispiele: 34, 236, 987654320.

Teilbarkeit durch $4 = 2 \cdot 2 = 2^2$
Eine natürliche Zahl n ist durch 4 teilbar, wenn die aus den letzten zwei Ziffern gebildete Zahl durch 4 teilbar ist.
Beispiele: 324, 22336, 987654320.

1902–1994, deutscher Schauspieler, Regisseur und Sänger.

Ergäzende Information Die elektronische Version dieses Kapitels enthält Zusatzmaterial, das berechtigten Benutzern zur Verfügung steht https://doi.org/10.1007/978-3-662-64015-9_14

Teilbarkeit durch 8 $= 2 \cdot 2 \cdot 2 = 2^3$
Eine natürliche Zahl ist durch 8 teilbar, wenn die aus den letzten drei Ziffern gebildete Zahl durch 8 teilbar ist.
Beispiele: 3800, 27**568**, 987654**320**

Teilbarkeite durch 16 $= 2 \cdot 2 \cdot 2 \cdot 2 = 2^4$
Eine natürliche Zahl ist durch 16 teilbar, wenn die aus den letzten vier Ziffern gebildete Zahl durch 16 teilbar ist.
Beispiele: 70160, 633**248**, 987654326**896**.

Teilbarkeite durch 2^n
Eine natürliche Zahl ist durch 2^n teilbar, wenn die aus den letzten n Ziffern gebildete Zahl durch 2^n teilbar ist.

14.1 Beispiele

Problem 14.1 Finde alle Ziffern a, b, c, d, sodass die Zahlen

a) $1237a$
b) $425b4$
c) $27c43$
d) $3d096$

durch 2, 4, 8 teilbar sind.

Lösung 14.1

a) $1237a$ ist für $a = 0, 2, 4, 6, 8$ durch 2 teilbar
   $1237a$ ist für $a = 2$ und für $a = 6$ durch 4 teilbar
   $1237a$ ist für $a = 6$ durch 8 teilbar

b) $425b4$ ist für alle Ziffern b durch 2 teilbar
   $425b4$ ist für $b = 0, 2, 4, 6, 8$ durch 4 teilbar
   $425b4$ ist für $b = 4$ und für $b = 8$ durch 8 teilbar

c) $27c43$ ist für kein c durch 2, 4 und 8 teilbar
d) $3d096$ ist für alle d durch 2, 4 und 8 teilbar

Problem 14.2 Auf einem geöffneten und im Kühlschrank vergessenen Joghurt bildete sich ein schwarzer Schimmelpilz. Jeden Tag verdoppelte sich seine Fläche. Nach 20 Tagen war die ganze Oberfläche von Joghurt mit dem Schimmelpilz befallen. Nach wie vielen Tagen war nur die Hälfte der Joghurtoberfläche mit dem Schimmelpilz befallen?

Lösung 14.2 Nach 20 Tagen war die ganze Oberfläche von Joghurt mit dem Schimmelpilz befallen. Vor einem Tag war der Pilz nur halb so groß, somit war nach 19 Tagen nur die Hälfte der Joghurtoberfläche mit dem Schimmelpilz befallen.

Problem 14.3 Welche vier Gewichte reichen in einem Gemüseladen aus, um jede (in kg) ganzzahlige Bestellung von 1 kg bis 15 kg genau abzuwiegen?

Lösung 14.3 1 kg, 2 kg, 4 kg und 8 kg. Man kann jede natürliche Zahl in die Summe von Zweierpotenzen zerlegen:

$1 = 2^0$	$6 = 2 + 4 = 2^1 + 2^2$	$11 = 1 + 2 + 8 = 2^0 + 2^1 + 2^3$
$2 = 2^1$	$7 = 1 + 2 + 4 = 2^0 + 2^1 + 2^2$	$12 = 4 + 8 = 2^2 + 2^3$
$3 = 2^0 + 2^1$	$8 = 2^3$	$13 = 1 + 4 + 8 = 2^0 + 2^2 + 2^3$
$4 = 2^2$	$9 = 1 + 8 = 2^0 + 2^3$	$14 = 2 + 4 + 8 = 2^1 + 2^2 + 2^3$
$5 = 2^0 + 2^2$	$10 = 2 + 8 = 2^1 + 2^3$	$15 = 1 + 2 + 4 + 8 = 2^0 + 2^1 + 2^2 + 2^3$

14.2 Aufgaben zum selbständigen Lösen

Problem 14.4 Welche Zahl passt nicht in diese Zahlenfolge?

$$16, \ 4, \ 1, \ 121, \ 256$$

Problem 14.5 Finde alle Ziffern a, b, c, d, sodass die Zahlen

a) $2543a$

b) $342b0$

c) $79c46$

d) $8d184$

durch 2, 4, 8 teilbar sind.

Problem 14.6 Finde die kleinste fünfstellige Zahl, die durch 16 teilbar ist und eine Ziffer 7 in ihrer Dezimaldarstellung hat.

Problem 14.7 Rotkäppchen geht jeden Tag in den Wald und sammelt dort Pilze. Am Montag findet sie nur einen Pilz, am Dienstag zwei, am Mittwoch vier und so weiter. Vergleiche die Anzahl der Pilze, die Rotkäppchen am Sonntag gesammelt hat, mit der Gesamtzahl der Pilze, die es von Montag bis Samstag gasammelt hat.

Problem 14.8 Zum zwölften Geburtstag vom mathematikbegeisterten Elfen Fjodor schenkt ihm sein 4095-jähriger Vater zwölf verschiedene Goldmünzen, mit denen man jede Summe von 1 bis 4095 Dukaten genau bezahlen kann. Welchen Wert hat jede Münze?

Problem 14.9 Die magischen Geburtstagsvorhersagekarten Anastasia behauptet, sie könne den Tag im Monat vorhersagen, an dem man geboren ist. Man müsste ihr nur mitteilen, auf welchen dieser fünf Karten die Zahl auftaucht.

Card 0			
1	3	5	7
9	11	13	15
17	19	21	23
25	27	29	31

Card 1			
2	3	6	7
10	11	14	15
18	19	22	23
26	27	30	31

Card 2			
4	5	6	7
12	13	14	15
20	21	22	23
28	29	30	31

Card 3			
8	9	10	11
12	13	14	15
24	25	26	27
28	29	30	31

Card 4			
16	17	18	19
20	21	22	23
24	25	26	27
28	29	30	31

Sie zählt dann einfach die Zahlen zusammen, die in der linken oberen Ecke der Karten stehen, die man ihr angegeben hat. Wenn man zum Beispiel am 12. geboren ist, gibt man an, daß die Zahl auf den Karten 2 und 3 vorkommt, und 4 + 8 ergibt tatsächlich 12. Probieren Sie es mit ihrem Geburtstag aus. Wieso funktioniert das? Schauen Sie sich die Karten genau an...

Problem 14.10 Fülle die 3×3 −Tabelle mit den Zahlen 2, 4, 8, 16, 32, 64, 128, 256, 512, sodass das Produkt der Zahlen aller Zeilen, Spalten und der beiden Diagonalen gleich ist.

Problem 14.11 Vervollständige die Multiplikationsmauer.

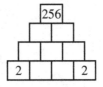

Problem 14.12 Schreibe Zahlen 1, 2, 4, 8, 16 in die fünf Kreise in der unteren Abbildung, sodass die folgenden Bedingungen erfüllt sind:

1) Wenn zwei Kreise durch eine Linie verbunden sind, muss der Quotient der Zahlen in ihnen gleich 2 oder 4 sein.
2) Wenn zwei Kreise **nicht** durch eine Linie verbunden sind, darf der Quotient der Zahlen in ihnen **nicht** gleich 2 oder 4 sein.

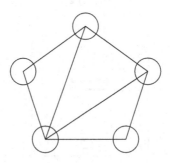

Problem 14.13 Welche fünf Gewichte reichen in einem Laden aus, um jede (in kg) ganzzahlige Bestellung von 1 kg bis 30 kg genau abzuwiegen?

Problem 14.14 Nach dem Überfall teilten die Piraten 1024 Goldmünzen unter sich auf. Wenn einer von ihnen mindestens die Hälfte aller Münzen hat, verschwören sich die anderen und rauben ihn aus. Jeder nimmt dabei so viele Münzen, wie er bereits hat. Wenn zwei je 512 Münzen haben, wird einer ausgeraubt. Es gab 10 Raubüberfälle. Beweise, dass nur ein Pirat jetzt alle Münzen hat.

14.3 Und weil es so schön war, machen wir das noch mal

Problem 14.15 Finde Lösungen der folgenden Zahlenrätsel. Ersetze dabei die Buchstaben durch Ziffern so, dass eine richtig gelöste Additionsaufgabe jeweils entsteht. Gleiche Buchstaben stehen hier für gleiche Ziffern und verschiedene Buchstaben für verschiedene Ziffern:

$$
\begin{array}{llll}
a) & N I E & b) & N I E & c) & N I E \\
+ & E I N & + & E I N & + & E I N \\
\hline
& P I N & & U N I & & W O W
\end{array}
$$

Problem 14.16 Zwei Wanderer verlassen gleichzeitig die Nachbardörfer A und B und gehen einander entgegen. Der erste Wanderer braucht für den Wanderweg vom Dorf A in das Dorf B genau 2 h. Der zweite Wanderer braucht für dieselbe Strecke aus dem Dorf B in das Dorf A genau 3 h. Nach wie vielen Minuten begegnen sich die beiden?

Problem 14.17 Betrachte vierstellige Zahlen, bei denen von links nach rechts jede Ziffer kleiner ist als die ihr vorangehende. Finde alle solchen Zahlen, die größer als 7 000 sind und deren Quersumme 15 ist. Ordne alle gesuchten Zahlen der Größe nach. Beginne mit der kleinsten.

Problem 14.18 Schreibe unterschiedliche natürliche Zahlen in die fünf Kreise in der unteren Abbildung, sodass die folgenden Bedingungen erfüllt sind:

1) Wenn zwei Kreise durch eine Linie verbunden sind, muss der Quotient der Zahlen in ihnen gleich 3 oder 9 sein.
2) Wenn zwei Kreise **nicht** durch eine Linie verbunden sind, darf der Quotient der Zahlen in ihnen **nicht** gleich 3 oder 9 sein.

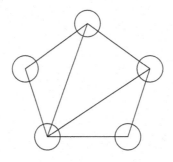

15

Aller guten Dinge sind drei

Ein Drittel? Nee, ich will mindestens ein Viertel

(Horst Szymaniak)

Jetzt lernen wir einige Teilbarkeitsregeln kennen, mit deren Hilfe man sehr schnell (oder eben nicht so schnell) testen kann, ob eine natürliche Zahl durch eine andere natürliche Zahl teilbar ist:

Teilbarkeit durch 100

Eine natürliche Zahl ist durch 10 teilbar, wenn ihre letzte Ziffer eine 0 ist.
Beispiele: 70, 630, 98765432**0**.

Teilbarkeit durch 100

Eine natürliche Zahl ist durch 100 teilbar, wenn ihre letzten zwei Ziffern Nullen sind.
Beispiele: 5**00**, 473**00**, 987**00**.

Horst Szymaniak, 1934–2009, deutscher Fußballspieler

Ergäzende Information Die elektronische Version dieses Kapitels enthält Zusatzmaterial, das berechtigten Benutzern zur Verfügung steht https://doi.org/10.1007/978-3-662-64015-9_15.

Teilbarkeit durch 5

Eine natürliche Zahl ist durch 5 teilbar, wenn ihre letzte Ziffer eine 0 oder 5 ist.

Beispiele: 35, 235, 987654320.

Teilbarkeit durch 25

Eine natürliche Zahl ist durch 25 teilbar, wenn die aus den letzten zwei Ziffern gebildete Zahl durch 25 teilbar ist.

Beispiele: 425, 53775, 983333250.

Teilbarkeit durch 3

Eine natürliche Zahl ist durch 3 teilbar, wenn ihre Quersumme, das heißt die Summe ihrer Ziffern, durch 3 teilbar ist.

Beispiel: Die Zahl 501 ist durch 3 teilbar, denn ihre Quersumme, die wir mit $Q(501)$ bezeichnen, ist gleich $Q(501) = 5 + 0 + 1 = 6$ und 6 ist durch 3 teilbar.

Teilbarkeit durch 9

Eine natürliche Zahl ist durch 9 teilbar, wenn ihre Quersumme, das heißt die Summe ihrer Ziffern, durch 9 teilbar ist.

Beispiel: Die Zahl 513 ist durch 9 teilbar, denn $Q(513) = 5 + 1 + 3 = 9$ und 9 ist durch 9 teilbar.

Teilbarkeit durch 9

Eine natürliche Zahl ist durch 7 teilbar, wenn auch jene Zahl durch 7 teilbar ist, die entsteht, wenn man das Doppelte der letzten Ziffer von der restlichen Zahl subtrahiert.

Beispiel: Die Zahl 1638 ist durch 7 teilbar, denn

$$163 - 2 \cdot 8 = 147,$$

$$14 - 2 \cdot 7 = 0$$

und 0 ist durch 7 teilbar.

Teilbarkeit durch 11

Eine Zahl ist durch 11 teilbar, wenn die alternierende Quersumme dieser Zahl durch 11 teilbar ist. Man erhält die alternierende Quersumme einer Zahl, indem man die Ziffern dieser Zahl abwechselnd addiert bzw. subtrahiert. Dabei kann sowohl von links als auch von rechts begonnen werden.

Beispiel: Die Zahl 308023979384 ist durch 11 teilbar, denn

$3 - 0 + 8 - 0 + 2 - 3 + 9 - 7 + 9 - 3 + 8 - 4 = 22$ und 22 ist durch 11 teilbar.

Teilbarkeit durch 13

Eine Zahl ist durch 13 teilbar, wenn die alternierende 3er-Quersumme (von rechts nach links) dieser Zahl durch 13 teilbar ist.

Beispiel: Die Zahl 4707144 ist durch 13 teilbar, denn $144 - 707 + 4 = -559$ und 559 ist durch 13 teilbar.

Teilbarkeit durch 6

Eine natürlich Zahl ist durch 6 teilbar, wenn sie durch 2 und durch 3 teilbar ist, d. h. wenn sie gerade und ihre Quersumme durch 3 teilbar ist.

Beispiel: Die Zahl 516 ist durch 6 teilbar, denn 516 ist gerade, $Q(516) = 5 + 1 + 6 = 12$ und 12 ist durch 3 teilbar.

Teilbarkeit durch 20

Eine natürlich Zahl ist durch 20 teilbar, wenn ihre letzte Ziffer eine 0 und ihre vorletzte Ziffer gerade ist.

Beispiele: 380, 62320, 798623340.

15.1 Beispiele

Problem 15.1 Ist die Zahl 122388 durch die ersten 15 natürlichen Zahlen teilbar?

Lösung 15.1

a) Die letzte Ziffer von 122388 ist 8. Die Zahl 8 ist durch 2 teilbar, dann ist auch die Zahl 122388 durch 2 teilbar.

b) Die Quersumme von 122388 ist $Q(122388)=1+2+2+3+8+8=24$. Die Zahl 24 ist durch 3 teilbar, dann ist auch 122388 durch 3 teilbar.

c) Die letzten zwei Ziffern von 122388 sind 88. Die Zahl 88 ist durch 4 teilbar, dann ist auch 122388 durch 4 teilbar.

d) Die letzte Ziffer von 122388 ist weder 0 noch 5, dann ist 122388 nicht durch 5 teilbar.

e) Die Zahl 122388 ist durch 2 und durch 3 teilbar, dann ist 122388 durch 6 teilbar.

f) $12238 - 2 \cdot 8 = 12222$; $1222 - 2 \cdot 2 = 1218$; $121 - 2 \cdot 8 = 105$; $10 - 2 \cdot 5 = 0$. Die Zahl 0 ist durch 7 teilbar, dann ist auch die Zahl 122388 durch 7 teilbar.

g) Die letzten drei Ziffern von 122388 sind 388. Die Zahl 388 ist nicht durch 8 teilbar, dann ist auch 122388 nicht durch 8 teilbar.

h) Die Quersummer von 122388 ist $Q(122388)=1+2+2+3+8+8=24$. Die Zahl 24 ist nicht durch 9 teilbar, dann ist auch 122388 nicht durch 9 teilbar.

i) Die letzte Ziffer von 122388 ist nicht 0, dann ist die Zahl 122388 nicht durch 10 teilbar.

j) Die alternierende Quersummer von 122388 ist 8-8+3-2+2-1=2. Die Zahl 2 ist nicht durch 11 teilbar, dann ist auch 122388 nicht durch 11 teilbar.

k) Die Zahl 122388 ist durch 3 und durch 4 teilbar. Die Zahlen 3 und 4 sind teilerfremd, dann ist 122388 durch $3 \cdot 4=12$ teilbar.

l) Die alternierende 3er-Quersummer von 122388 ist 388-122=266. Die Zahl 266 ist nicht durch 13 teilbar, dann ist auch 122388 nicht durch 13 teilbar.

m) Die Zahl 122388 ist durch 2 und durch 7 teilbar. Die Zahlen 2 und 7 sind teilerfremd, dann ist 122388 durch $2 \cdot 7=14$ teilbar.

n) Die Zahl 122388 ist durch 3, aber nicht durch 5 teilbar, dann ist 122388 nicht durch 15 teilbar.

Problem 15.2 Finde eine dreistellige Zahl, die durch 3 und durch 4 teilbar ist.

Lösung 15.2 Zum Beispiel: 924.
$Q(924)=9+2+4=15$ und 15 ist durch 3 teilbar, dann ist auch die Zahl 924 durch 3 teilbar. Die letzten Ziffern bilden die Zahl 24, die durch 4 teilbar ist, dann ist auch 924 durch 4 teilbar.

Problem 15.3 Gibt es ein Vielfaches von 9 der Form 111...1?

Lösung 15.3 Die Zahl 111111111 bestehend aus neun Ziffern 1 ist durch 9 teilbar, weil ihre Quersumme gleich 9 und somit durch 9 teilbar ist.

15.2 Aufgaben zum selbständigen Lösen

Problem 15.4 Ist die Zahl 9119880 durch die ersten 15 natürlichen Zahlen teilbar?

Problem 15.5 Finde die größte vierstellige Zahl, die durch 12 teilbar ist und genau eine Ziffer 7 in ihrer Dezimaldarstellung hat.

Problem 15.6 Finde die kleinste fünfstellige Zahl, die durch 9 teilbar ist und genau zwei Ziffern 7 in ihrer Dezimaldarstellung hat.

Problem 15.7 Auf der Teiler-Insel wohnen Löser und Träumer. Löser können sehr gut rechnen und beherrschen Zahlentheorie. Träumer sind sehr talentiert, haben aber wenig Ahnung von Mathematik. Eines Tages treffen sich drei Freunde und führen ein wissenschaftliches Gespräch.

- Mister von Zirkel sagt: „Ist eine Zahl durch 27 teilbar, so ist sie auch durch 9 teilbar."
- Mister von Kreis sagt: „Ist eine Zahl durch 7 und durch 15 teilbar, so ist sie auch durch $7 \cdot 15 = 105$ teilbar."
- Mister von Eck sagt: „Ist eine Zahl durch 6 und durch 15 teilbar, so ist sie auch durch 9 teilbar."

Wer sind diese drei Männer? Löser oder Träumer?

Problem 15.8 Finde die Ziffern a und b einer fünfstelligen Zahl $\overline{51a3b}$, falls diese Zahl durch 36 teilbar ist.

Problem 15.9 Das Produkt von einigen Primzahlen ist 1111110. Finde die Summe dieser Primzahlen.

Problem 15.10 Kürze die folgenden Brüche

a) $\frac{1061060}{460460}$

b) $\frac{104504400}{223423200}$

Problem 15.11 Wie viele Nullen hat die Zahl

a) $1 \cdot 2 \cdot 3 \cdot 4 \cdot 5$
b) $1 \cdot 2 \cdot \ldots \cdot 10$
c) $1 \cdot 2 \cdot \ldots \cdot 25$
d) $1 \cdot 2 \cdot \ldots \cdot 50$
e) $1 \cdot 2 \cdot \ldots \cdot 100$

am Ende?

Problem 15.12 Ist die Zahl $10^{200} + 2$ durch 3 teilbar?

Problem 15.13 Kann eine Zahl, die nur aus den Vieren besteht, durch eine Zahl teilbar sein, die nur aus den Dreien besteht? Wenn ja, welche?

Problem 15.14 Kann eine Zahl, die nur aus den Dreien besteht, durch eine Zahl teilbar sein, die nur aus den Vieren besteht? Wenn ja, welche?

Problem 15.15 Wie viele positive zweistellige Zahlen gibt es, die mit 5 enden oder durch 5 teilbar sind?

Problem 15.16 Wie viele positive zweistellige Zahlen gibt es, die mit 3 enden oder durch 3 teilbar sind?

Problem 15.17 Beweise die Aussage: Zieht man von einer Zahl deren Spiegelbild ab, kriegt man immer eine Zahl, die durch 9 teilbar ist.

Problem 15.18 Prof. Plus stellte seinen Studenten die Aufgabe:

$$\overline{XY} - \overline{YX} = 8.$$

Leider konnte niemand diese Aufgabe lösen. Warum bloss?.

Hinweis: Gleiche Buchstaben stehen für gleiche Ziffern und unterschiedliche Buchstaben stehen für unterschiedliche Ziffern.

Problem 15.19 Gibt es ein Vielfaches von

a) zwei

b) drei

c) vier

d) fünf

e) sieben

f) elf

g) dreizehn

der Form 111...1?

Problem 15.20 Finde eine

a) neunstellige
b) zehnstellige

durch elf teilbare Zahl, die aus verschiedenen Ziffern besteht.

Problem 15.21

a) Finde solche Ziffern A, B, C und D, sodass $\overline{AB} \cdot \overline{CCDD}$ ein Vielfaches von 2211 ist.
b) Gibt es solche Ziffern A, B, C und D, sodass $\overline{AB} \cdot \overline{CCCD}$ ein Vielfaches von 2211 ist?

Problem 15.22 Fjodor ist ein junger Elf, der mathematisch sehr begabt ist. An einem sonnigen Samstagmorgen multiplizierte er alle Zahlen von 1 bis 100 und rechnete die Quersumme von dem Ergebnis aus. Danach bestimmte er immer wieder die Quersummen von den Quersummen, bis nur eine einzige Zahl übrig blieb. Welche Zahl war das?

Problem 15.23 Auf einem Haufen liegen 100 Streichhölzer. Leon und Karl spielen folgendes Spiel: Leon zieht als Erster. In einem Zug darf er eine beliebige Anzahl Streichhölzer von 1 bis 10 nehmen. Derjenige, der das letzte Streichholz nimmt, hat gewonnen. Wer gewinnt, wenn beide richtig spielen?

15.3 Und weil es so schön war, machen wir das noch mal

Problem 15.24 Welches Datum hatten wir 2002 min nach dem Datum 20.02.2002, 20.02 Uhr?

Problem 15.25 Primzahlen haben genau zwei verschiedene positive Teiler: Die Eins und sich selbst. Welche Zahlen haben genau drei verschiedene positive Teiler?

Problem 15.26 Zwei Spieler spielen folgendes Spiel: Auf einem Haufen liegen 100 Streichhölzer. In einem Zug darf man eine beliebige Anzahl Streichhölzer nehmen, die einer Potenz von 2 gleich ist (1, 2, 4, 8 usw.). Die Person, die das letzte Streichholz nimmt, hat gewonnen. Gibt es eine gewinnende Strategie?

Problem 15.27 Schreibe eine Ziffer vor und die gleiche Ziffer hinter der Zahl 20, sodass die neue Zahl durch

a) 12
b) 15
c) 20

teilbar ist.

Problem 15.28 Biber Tom hat zehn Holzstücke je 50 Zentimeter lang. Er möchte daraus 50 Holzstücke je zehn Zentimeter schneiden. Wieviele Schnitte muss er machen?

16

Euler Kreise und andere Überlappungen

Ein Fehler, der geleugnet wird, verdoppelt sich

(Weisheit)

16.1 Beispiele

Problem 16.1 In einer Klasse sammeln einige Kinder Briefmarken. 18 Kinder sammeln europäische Briefmarken. 11 Kinder sammeln US-amerikanische Briefmarken, 6 von ihnen haben sowohl US-amerikanische, als auch europäische Briefmarken in ihren Sammlungen.

a) Wieviele Kinder sammeln Briefmarken?
b) Wieviele Kinder sammeln nur die US-amerikanischen Briefmarken?
c) Wieviele Kinder sammeln nur die europäischen Briefmarken?

Ergäzende Information Die elektronische Version dieses Kapitels enthält Zusatzmaterial, das berechtigten Benutzern zur Verfügung steht https://doi.org/10.1007/978-3-662-64015-9_16.

Lösung 16.1

a) Da 6 Kinder beide Sorten von Briefmarken sammeln, ist die Gesamtzahl der Kinder, die Briefmarken sammeln, $18 + 11 - 6 = 23$.
b) Nur die US-amerikanischen Briefmarken sammeln $11 - 6 = 5$ Kinder.
c) Nur die europäischen Briefmarken sammeln $18 - 6 = 12$ Kinder.

Die Situation kann gut mit sogenannten Euler Kreisen veranschaulicht werden:

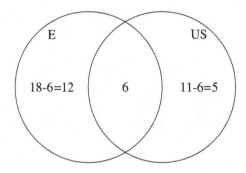

Problem 16.2 Die größte Schule in Sporthausen bietet drei Jahressportkurse an: Volleyball, Basketball und Handball. Insgesamt nehmen 38 Sechsklässler an diesen Kursen teil. Im Volleyballkurs sind 25 Kinder, drei von denen spielen auch Hand- und sechs von denen auch Basketball. Im Handballkurs sind 13 Kinder, fünf von denen machen aber auch bei genau einem weiteren Kurs mit. Ein Schüler macht sogar bei allen drei Kursen mit. Wie viele Kinder sind in dem Basketballkurs?

Lösung 16.2 Zunächst rechnen wir aus, wieviele Kinder nur im Volleyballkurs sind. Ein Kind ist in allen drei Kursen. Dann sind $3 - 1 = 2$ Kinder in Volleyball- und Handballkursen gleichzeitig, sowie $6 - 1 = 5$ Kinder sind in Volleyball- und Basketballkursen gleichzeitig. Somit spielen $25 - 1 - 2 - 5 = 17$ Kinder nur im Volleyballkurs.

Im Handballkurs sind 13 Kinder, fünf von denen machen aber auch bei genau einem weiteren Kurs mit und ein Schüler macht sogar bei allen drei Kursen mit, dann spielen nur im Handballkurs $13 - 1 - 5 = 7$ Kinder.

Wir bekommen, dass genau $38 - 17 - 7 - 2 - 1 - 5 - 3 = 3$ Kinder nur beim Basketballkurs sind. Die Situation kann folgendermassen mit sog. Euler Kreisen veranschaulicht werden:

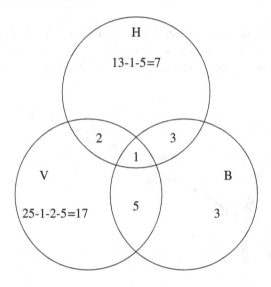

16.2 Aufgaben zum selbständigen lösen

Problem 16.3 Am ersten Tag in der Elfenschule konnte der Erstklässler Fjodor alle Zweitklässler aus seinem Klassenzimmer beobachten. Dabei fiehl es ihm auf, dass

(1) Bogenschiessen aus dem Kopfstand insgesamt 7 junge Elfen aus der zweiten Klasse übten.

(2) Bogenschiessen beim Reiten insgesamt 5 Zweitklässler übten.

(3) Die übrigen 3 junge Elfen übten kein Bogenschiessen, pflückten dafür schöne Blümchen für den Festsaal.

Als er später davon seinem Vater erzält hat, konnte der Vater sofort die kleinste und die großtmöglichste Anzahl der Zweitklässler bestimmen, bei der die drei Aussagen wahr sein können. Was waren das für Zahlen?

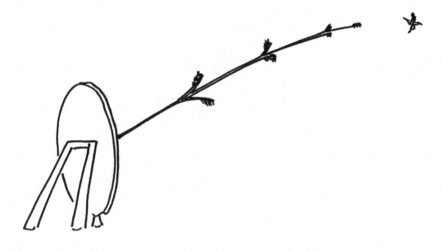

Problem 16.4 Alle 15 junge Elfen aus Fjodors Klasse haben heute ihre Übungswaffen mitgebracht: zwölf Elfen einen Bogen und acht Elfen ein Schwert. Dabei kam nur Fjodor mit einem Messer, einem Bogen und einem Schwert. Ermittle, wie viele junge Elfen ein Schwert, einen Bogen, aber kein Messer mitgebracht haben!

Problem 16.5 In der Ski- und Snowboardschule „Bewustes Schönfahren" sind 30 Ski- und Snowboardlehrer angestellt. 13 von ihnen sprechen Italienisch, 25 sprechen Französich und zwei sprechen nur Deutsch. Wie viele Ski- und Snowboardlehrer sprechen sowohl Italienisch als auch Französisch?

Problem 16.6 Der alte Tiger Lechat jagt in einem 5 km × 7 km rechteckigen Waldgebiet und sein Erzfeind Tiger Ilgatto hält ein 36 km²-Waldstück für sein Jagdrevier. Werden die beiden Jagdgebiete sich überlappen, falls der ganze Wald 10 km × 7 km groß ist?

Problem 16.7 Es war einmal eine Hasenfamilie Langohr. Sieben Langohrhäschen nahmen immer Weißkohl zum Frühstück, sechs Häschen hatten Karrotten auf ihren Tellern. Fünf kleine Langohren haben als erstes Rotkohl auf die Teller gelegt. Vier von den kleinen Hopplern verfütterten sowohl Weißkohl, als auch Karrotten in Unmengen. Drei Häschen wollten unbedingt Weißkohl und Rotkohl haben, die Zwillinge Flinki und Flotti nahmen sich nur Rotkohl und Karrotten. Dabei hatte nur ein Brüderchen alle drei Gemüsesorten probiert. Wieviel Kinder hatte Familie Langohr?

Problem 16.8 Im Juli waren 70 Kinder im Ferienlager „Sommertraum". 37 Kinder haben dort bei der Theateraufführung, 26 Kinder bei dem Fotografiekurs und 17 bei dem Schwimmwettbewerb mitgemacht. Bei der Theatervorstellung spielten 10 Kinder, die auch am Fotografiekurs, und 8 Kinder, die auch an dem Schwimmwettbewerb, teilgenommen haben. Bei dem Fotografiekurs waren 6 Leistungsschwimmer dabei. Wie viele Kinder haben bei keiner von diesen drei Veranstaltungen (Theateraufführung, Fotografiekurs und Schwimmwettbewerb) und wie viele Kinder haben nur beim Schwimmwettbewerb mitgemacht, wenn kein Kind bei allen drei Veranstaltungen dabei war?

Problem 16.9 Von den 100 Studenten eines Jahrganges besuchten 28 einen Englisch Sprachkurs, 30 Studenten besuchten einen Französisch Sprachkurs und 42 Italienisch. 8 Studenten lernten sowohl Englisch als auch Italienisch, 10 Englisch und Französisch, 5 Französisch und Italienisch. Alle drei Sprachkurse besuchten 3 Studenten. Wie viele Studenten machten nur bei einem Sprachkurs mit? Wie viele Studenten machten bei gar keinem Sprachkurs mit?

Problem 16.10 Bei dem Malunterricht sollten 28 Kinder Hunde, Katzen und Meerschweinchen malen. 18 Kinder haben sich für Hunde entschieden, da aber 9 von ihnen je zwei Lieblingstiere hatten, entstanden so noch 3 Katzen- und 6 Meerschweinchenbilder. Noch ein Kind malte sogar einen Hund, eine Katze und ein Meerschweinchen. Insgesamt haben 13 Kinder eine Katze gemalt und 5 Kinder haben ausser einer Katze noch ein weiteres Tier gemalt. Wie viele Meerschweinchenbilder entstanden im Malunterricht an dem Tag?

Problem 16.11 Im November gab es 12 sonnige und windstille Tage, an denen es nicht geregnet hat. An 12 weiteren Tagen war es recht windig und geregnet hat es an 11 Tagen. An wie vielen Tagen regnete es bei starkem Wind?

Problem 16.12 75 % der Bevölkerung auf der Zweisprachen-Insel sprechen die „Bla-Bla"-Sprache, 80 % der Inselbewohner sprechen die „Bar-Bar"-Sprache. Wieviel Prozent der Bevölkerung sprechen beide Sprachen? Wieviel Prozent sprechen nur die „Bla-Bla"-Sprache?

Problem 16.13 Matthias hat vier gleich lange rechteckige Papierstreifen. Er klebt zwei Streifen zusammen mit einer Überlappung von 10 cm und erhält somit einen 50 cm langen rechteckigen Streifen. Mit den anderen beiden Papierstreifen möchte er einen Streifen von 56 cm Länge kleben. Wie lang sollte die Überlappung sein?

(A) 2 cm   (B) 4 cm   (C) 6 cm   (D) 7 cm   (E) 8 cm

(Deutscher Pangea-Mathematikwettbewerb, Vorrunde 2018, 6 Kl., Aufgabe 13)

16.3 Und weil es so schön war, machen wir das noch mal

Problem 16.14 Ersetze die Buchstaben durch einstellige Prim- oder Quadratzahlen so, dass eine richtig gelöste Additionsaufgabe entsteht. Gleiche Buchstaben stehen dabei für gleiche Ziffern und verschiedene Buchstaben für verschiedene Ziffern.

$$WIE$$
$$+\underline{EIN}$$
$$REH$$

Problem 16.15 Cowboy Bill kommt in eine Bar und fragt nach einer Flasche Whiskey, die $ 3.00 kostet, und 6 Schachteln wasserresistenter Streichhölzer, deren Preis ihm unbekannt ist. Der Barkeeper verlangt $ 11.80. Bill denkt kurz nach und zieht seinen Revolver. Der Barkeeper entschuldigt sich, rechnet noch einmal nach und verbessert seinen Rechnungsfehler. Wie hat Bill gemerkt, dass der Barkeeper ihn übers Ohr hauen wollte?

Problem 16.16 Bestimme die größte natürliche Zahl, in deren Dezimaldarstellung alle zehn Ziffern genau einmal vorkommen, und die durch 36 teilbar ist.

Problem 16.17 In zwei Beuteln liegen zwei Äpfel und zwar so, dass in einem Beutel doppelt so viele Äpfel liegen, wie in dem anderen. Wie kann das sein?

Problem 16.18 In einem Behälter befinden sich mindestens 10 l Wasser. Kann man 6 l Wasser aus diesem Behälter mit einem 9-Liter- und einem 5-Liter-Eimer abmessen?

Problem 16.19 Auf dem Weihnachtsmarkt kann man Buchstabenkekse kaufen. Gleiche Buchstaben haben den gleichen Preis, die unterschiedlichen Buchstaben kosten unterschiedlich. Neo bezahlte für die drei Buchstaben O, N, und E 7 EUR. Tom kaufte die Buchstaben T, W und O für 8 EUR. Was kosten das Wort TWELVE, falls das Wort ELEVEN 19 EUR kostet?

17

Weitere Aufgaben aus den Mathematikwettbewerben

Wir liegen nicht im Wettbewerb mit anderen, sondern mit unseren Irrtümern.

(US-Amerikanisches Sprichwort)

17.1 Weggelaufene Ziffern

- Känguru der Mathematik:
  2003, 5.-6. Kl., 12;   2003, 5.-6. Kl., 30;   2004, 5.-6. Kl., 14
  2007, 5.-6. Kl., 30;   2008, 5.-6. Kl., 17;   2008, 5.-6. Kl., 25
  2008, 5.-6. Kl., 28;   2009, 5.-6. Kl., 28;   2010, 5.-6. Kl., 22
  2018, 5.-6. Kl., B2;   2018, 5.-6. Kl., B6;   2018, 5.-6. Kl., C2

- Deutscher Pangea-Mathematikwettbewerb:
  Vorrunde 2013, 6. Kl., 6;   Vorrunde 2014, 6. Kl., 15
  Vorrunde 2015, 6. Kl., 22;   Zwischenrunde 2016, 6. Kl., 11
  Zwischenrunde 2018, 5. Kl., 8

- Deutsche Mathematik Olympiade:
  560513;   560532;   570613

- Mathematischer Wettbewerb in den Klassenstufen 4 und 5 um den Pokal des Rektors der Universität Rostock, 1994–2004:
  4A2; 4A3; 4A4; 4A5; 4A11; 4A12; 4A15; 4A26; 4A27; 4A29
  4A35; 4A36; 4A40; 4A41; 5A5; 5A7; 5A10; 5A24; 5A25; 5A27
  5A30; 5A33; 5A40

© Springer-Verlag GmbH Deutschland, ein Teil von Springer Nature 2022
T. S. Samrowski, *Matherätsel (nicht nur) für Begabte der Klassen 4 bis 6,*
https://doi.org/10.1007/978-3-662-64015-9_17

17.2   Katze, Huhn und Elefant

- Känguru der Mathematik:

  2002, 5.-6. Kl., 14;   2003, 5.-6. Kl., 20;   2003, 5.-6. Kl., 24
  2003, 5.-6. Kl., 29;   2009, 5.-6. Kl., 10;   2009, 5.-6. Kl., 18
  2010, 5.-6. Kl., 7;   2010, 5.-6. Kl., 24;   2012, 3.-4. Kl., B6

- Deutscher Pangea-Mathematikwettbewerb:

  Vorrunde 2014, 6. Kl., 22;   Zwischenrunde 2014, 6. Kl., 5

- Deutsche Mathematik Olympiade:

  260513;   370624;   400731;   460432;   550414;   550423;
  550433;   560622

- Mathematischer Wettbewerb in den Klassenstufen 4 und 5 um den Pokal des Rektors der Universität Rostock, 1994–2004:

  4A38

- Aufnahmeprüfung Langgymnasium:

  KS Küsnacht, Zürich 2006, 6

17.3   Mal zu viel, mal zu wenig

- Känguru Mathematik:

  2001, 5.-6. Kl., 23;   2002, 5.-6. Kl., 25;   2003, 5.-6. Kl., 19
  2004, 5.-6. Kl., 6;   2005, 5.-6. Kl., 8;   2006, 5.-6. Kl., 17
  2007, 5.-6. Kl., 22;   2008, 5.-6. Kl., 21;   2009, 5.-6. Kl., 8
  2009, 5.-6. Kl., 17;   2013, 5.-6. Kl., C2;   2016, 5.-6. Kl., B5
  2016, 3.-4. Kl., C7;   2016, 5.-6. Kl., C4;   2017, 5.-6. Kl., B5

- Deutscher Pangea-Mathematikwettbewerb:

  Vorrunde 2012, 5. Kl., 25;   Vorrunde 2016, 5. Kl., 20
  Vorrunde 2018, 6. Kl., 10;   Zwischenrunde 2019, 5. Kl., 3
  Zwischenrunde 2019, 5. Kl., 5

- Deutsche Mathematik Olympiade:
  190623;   430521;   540531;   550613;   550524;   550622;   560523

- Mathematischer Wettbewerb in den Klassenstufen 4 und 5 um den Pokal des Rektors der Universität Rostock, 1994–2004:
  4A22;   4A34;   5A8;   5A20;   5A21

- Aufnahmeprüfung Langgymnasium:
  Zürich, 2017, Aufgabe 3

17.4 Gemeinsam sind wir stark. Und schnell

- Deutscher Pangea-Mathematikwettbewerb:
  Zwischenrunde 2015, 6. Kl., 7

- Deutsche Mathematik Olympiade:
  330711;   350632;   400724

- Mathematischer Wettbewerb in den Klassenstufen 4 und 5 um den Pokal des Rektors der Universität Rostock, 1994–2004:
  4A42;   5A17

- Aufnahmeprüfung Langgymnasium:
  Literargymnasium Rämibühl, Realgymnasium Rämibühl, KS Hohe Promenade, KS Freudenberg, KS Wiedikon, KS Küsnacht, Zürich, 2006, 9
  KS Oerlikon, Limmattal und Zürcher Unterland, 2006, 8
  KS Rychenberg, Winterthur, 2006, 7
  Zürich, Serie A, 2007, 7;   Zürich, Serie B, 2007, 7;   Zürich, 2009, 5;
  Zürich, 2011, 8;   Zürich, 2012, 4;   Zürich, 2012, 6;
  Zürich, 2013, 8;   Zürich, 2014, 4;   Zürich, 2019, 3

17.5 Rückwärtslösen

- Känguru der Mathematik:
  2003, 5.-6. Kl., 8;   2007, 5.-6. Kl., 26;   2007, 5.-6. Kl., 28
  2008, 5.-6. Kl., 16;   2010, 5.-6. Kl., 10;   2011, 5.-6. Kl., 13
  2012, 5.-6. Kl., B2;   2013, 5.-6. Kl., C6;   2019, 5.-6. Kl., C4

- Deutscher Pangea-Mathematikwettbewerb:
  Vorrunde 2013, 6. Kl., 23;   Vorrunde 2018, 5. Kl., 13
  Vorrunde 2018, 5. Kl., 17

- Deutsche Mathematik Olympiade:
  540514;   540524;   570514;   580523;   580633

- Mathematischer Wettbewerb in den Klassenstufen 4 und 5 um den Pokal
  des Rektors der Universität Rostock, 1994–2004:
  4A16;   4A17;   4A20;   5A32;

17.6   Erst wiegen, dann wägen, dann wagen

- Känguru der Mathematik:
  1999, 5.-6. Kl., 8;   2000, 5.-6. Kl., 21;   2002, 5.-6. Kl., 17
  2002, 5.-6. Kl., 29;   2004, 5.-6. Kl., 13;   2006, 5.-6. Kl., 20
  2008, 5.-6. Kl., 18;   2012, 5.-6. Kl., A5;   2015, 5.-6. Kl., B1
  2019, 5.-6. Kl., A6

- Deutscher Pangea-Mathematikwettbewerb:
  Finale 2019, 5. Kl.,6

- Deutsche Mathematik Olympiade:
  550636;   560631;   580634

- Mathematischer Wettbewerb in den Klassenstufen 4 und 5 um den Pokal
  des Rektors der Universität Rostock, 1994–2004:
  4A14;   5A6;   5A38

- Aufnahmeprüfung Langgymnasium:
  Zürich, 2016, 4;   Zürich, 2014, 8

17.7   Jedes Alter hat seine Weise

- Känguru der Mathematik:
  2005, 5.-6. Kl., 5;   2007, 5.-6. Kl., 11;   2013, 5.-6. Kl., A6
  2016, 5.-6. Kl., C2;   2018, 5.-6. Kl., B8;   2019, 5.-6. Kl., A8

- Deutscher Pangea-Mathematikwettbewerb:
  Vorrunde 2015, 5. Kl., 17;   Vorrunde 2016, 5. Kl., 16
  Vorrunde 2016, 6. Kl., 20;   Vorrunde 2018, 5. Kl., 8
  Finale 2019, 5. Kl., 4

- Deutsche Mathematik Olympiade:
  440531;   540523

- Mathematischer Wettbewerb in den Klassenstufen 4 und 5 um den Pokal
  des Rektors der Universität Rostock, 1994–2004:
  5A2

- Aufnahmeprüfung Langgymnasium:
  Zürich, 2015, 7

17.8 Vielfalt der Möglichkeiten

- Känguru der Mathematik:
  2007, 5.-6. Kl., 21;   2009, 5.-6. Kl., 13;   2010, 5.-6. Kl., 13
  2010, 5.-6. Kl., 18;   2011, 5.-6. Kl., 15;   2011, 5.-6. Kl., 19
  2011, 5.-6. Kl., 23;   2011, 5.-6. Kl., 24;   2016, 5.-6. Kl., C8
  2017, 5.-6. Kl., C2

- Deutscher Pangea-Mathematikwettbewerb:
  Vorrunde 2012, 5. Kl., 9;   Vorrunde 2013, 5. Kl., 18
  Vorrunde 2013, 5. Kl., 21;   Vorrunde 2013, 5. Kl., 24
  Vorrunde 2016, 5. Kl., 14;   Vorrunde 2018, 6. Kl., 18
  Zwischenrunde 2016, 5. Kl., 5;   Zwischenrunde 2016, 5. Kl., 9
  Zwischenrunde 2016, 5. Kl., 11;   Finale 2014, 6. Kl., 3

- Deutsche Mathematik Olympiade:
  520524;   520624;   530634;   540634;   560514;   560633
  570624;   570533;   580613

- Mathematischer Wettbewerb in den Klassenstufen 4 und 5 um den Pokal
  des Rektors der Universität Rostock, 1994–2004:
  4L1-4L21;   5L1-5L21

- Aufnahmeprüfung Langgymnasium:
  Zürich, 2016, 5

17.9   Wasser reichen

- Deutscher Pangea-Mathematikwettbewerb:
  Vorrunde 2015, 5 Kl., 18;   Zwischenrunde 2013, 5 Kl., 8

- Deutsche Mathematik Olympiade:
  290611;   400624

- Mathematischer Wettbewerb in den Klassenstufen 4 und 5 um den Pokal
  des Rektors der Universität Rostock, 1994–2004:
  4L11;   4A42

17.10   Andere Zeit, andere Lehre

- Känguru der Mathematik:
  1998, 5.-6. Kl., 5;   1999, 5.-6. Kl., 10;   2000, 5.-6. Kl., 6
  2000, 5.-6. Kl., 8;   2000, 5.-6 .Kl., 14;   2001, 5.-6. Kl., 24
  2002, 5.-6. Kl., 11;   2003, 5.-6. Kl., 18;   2004, 5.-6. Kl., 4
  2005, 5.-6. Kl., 17;   2005, 5.-6. Kl., 28;   2005, 5.-6. Kl., 28
  2006, 5.-6. Kl., 25;   2016, 5.-6. Kl., B8

- Deutscher Pangea-Mathematikwettbewerb:
  Vorrunde 2015, 5. Kl., 2;   Vorrunde 2015, 5. Kl., 10
  Vorrunde 2015, 5. Kl., 16;   Finale 2014, 5. Kl., 1
  Finale 2016, 5. Kl., 5

- Deutsche Mathematik Olympiade
  570522

- Mathematischer Wettbewerb in den Klassenstufen 4 und 5 um den Pokal
  des Rektors der Universität Rostock, 1994–2004:
  5A11;   5A12;   5A13;   5A23;   5A36

17.11   Damit man nicht nur Bahnhof versteht

- Känguru der Mathematik:
  2000, 5.-6. Kl., 5;   2004, 5.-6. Kl., 10;   2004, 5.-6. Kl., 24
  2005, 5.-6. Kl., 13;   2007, 5.-6. Kl.,16

- Deutscher Pangea-Mathematikwettbewerb:
  Vorrunde 2015, 5. Kl., 24;   Vorrunde 2018, 5. Kl., 11

Zwischenrunde 2015, 5. Kl., 6;   Zwischenrunde 2016, 6. Kl., 8
Finale 2015, 5. Kl., 2;   Finale 2016, 5. Kl., 4

- Deutsche Mathematik Olympiade:
  530633;   570623;   570635

- Mathematischer Wettbewerb in den Klassenstufen 4 und 5 um den Pokal
  des Rektors der Universität Rostock, 1994–2004:
  4A24;   4A25;   4A32;   5A4;   5A34;   5A39

- Aufnahmeprüfung Langgymnasium:
  KS Küsnacht, Zürich, 2006, 4
  KS Oerlikon,
  Limmattal und Zürcher Unterland, 2006, 6
  Winterthur, 2006, 6;   Zürich, Serie A 2007, 6;
  Zürich, Serie B 2007, 6   Zürich, 2009, 7;   Zürich, 2010, 8;
  Zürich, 2011, 6;   Zürich, 2012, 8   Zürich, 2013, 7;
  Zürich, 2014, 6;   Zürich, 2015, 4;   Zürich, 2016, 7
  Zürich, 2017, 4;   Zürich, 2018, 5;   Zürich, 2019, 6

17.12 Von Springern und Marsmännchen mit seinen Armen

- Känguru der Mathematik:
  2004, 5.-6. Kl., 17;   2005, 5.-6. Kl., 26;   2008, 5.-6. Kl., 30
  2017, 5.-6. Kl., C7;   2019, 5.-6. Kl., A6

- Deutscher Pangea-Mathematikwettbewerb:
  Vorrunde 2012, 5. Kl., 19;   Zwischenrunde 2014, 5. Kl., 4
  Zwischenrunde 2014, 6. Kl., 8

- Deutsche Mathematik Olympiade:
  030523;   030614;   300711;   350524;   520512;   560612

- Mathematischer Wettbewerb in den Klassenstufen 4 und 5 um den Pokal
  des Rektors der Universität Rostock, 1994-2004:
  5A15;   5A18

- Aufnahmeprüfung Langgymnasium:
  Zürich, 2012, 5

17.13   Freude am Teilen

- Känguru der Mathematik:
  2002, 5-6 Kl., 19;   2011, 5-6 Kl., 17;   2012, 5-6 Kl., B3;
  2014, 5-6 Kl., B8;   2014, 5-6 Kl., C5

- Deutscher Pangea-Mathematikwettbewerb:
  Vorrunde 2018, 5 Kl., 9

- Deutsche Mathematik Olympiade:
- Mathematischer Wettbewerb in den Klassenstufen 4 und 5 um den Pokal
  des Rektors der Universität Rostock, 1994–2004:
  4A21;   5A3;   5A31

17.14   Zweierpotenzen

- Deutscher Pangea-Mathematikwettbewerb:
  Vorrunde 2015, 5 Kl., 5

- Mathematischer Wettbewerb in den Klassenstufen 4 und 5 um den Pokal
  des Rektors der Universität Rostock, 1994–2004:
  5A22

17.15   Teilbarkeitsregel

- Känguru der Mathematik:
  1998, 5-6 Kl., 13;   2003, 5-6 Kl., 4;   2004, 5-6 Kl., 30;
  2009, 5-6 Kl., 21;   2017, 5-6 Kl., C6;   2019, 5-6 Kl., C5

- Deutscher Pangea-Mathematikwettbewerb:
  Vorrunde 2015, 5 Kl., 12;   Vorrunde 2016, 6 Kl., 17
  Zwischenrunde 2016, 5 Kl., 4 ;   Zwischenrunde 2016, 6 Kl., 3
  Finale 2014, 6 Kl., 1

- Deutsche Mathematik Olympiade:
  540621; 580623

- Mathematischer Wettbewerb in den Klassenstufen 4 und 5 um den Pokal des Rektors der Universität Rostock, 1994–2004:
  4A7; 5A1; 5A35

Weiterführende Literatur

Agostini, Franco. 1998. *Weltbild's Mathematische Denkspiele*. Augsburg: Weltbild Verlag GmbH.

Ahrens, Wilhelm. 2008. *Mathematische Spiele*. Köln: Anacond Verlag GmbH.

Burago, Anna. 2012. *Mathematical Circle Diaries, Year 1*. San-Francisco: American Mathematical Society Verlag.

Degrazia, Josef J. 2008. *Von Ziffern, Zahlen und Zeichen*. Köln: Anacond Verlag GmbH.

Delvin, Keith. 1998. *Muster der Mathematik. Ordnungsgesetze des Geistes und der Natur*. Heidelberg: Spektrum Akademischer Verlag GmbH.

Fomin, D., S. Genkin, und I. Itenberg. 2007. *Mathematical circles*. San-Francisco: American Mathematical Society Verlag.

Fritzlar, T., K. Rodeck, and F. Käpnik, eds. 2016. *Mathe für kleine Asse 5/6*. Berlin: Cornelsen Verlag.

Fuchs, M., und F. Kṗnick, Hrsg. 2010. Mathematisch begabte Kinder, 2. Aufl. Berlin: LIT.

Gardner, Martin. 1984.*Mathematischer Zirkus*. Berlin: Ullstein Verlag GmbH.

Gardner, Martin. 2004. *Mathematischer Zaubereien*. Köln: DuMont Literatur und Kunst Verlag.

Gardner, Martin. 2014. *My best mathematical and logical puzzles*. New York: Dover Publications inc.

Kiefer, Philip. 2012. *Mathematische Knobeleien*. München: ArsEdition Verlag GmbH.

Loyd, Sam. 2005. *Mathematische Rätsel und Spiele*. Köln: DuMont Literatur und Kunst Verlag.

Mazza, Fabrice. 2017. *Enigma: Das Buch der Rätsel*, 2. Aufl. München: Bassermann Verlag.

© Springer-Verlag GmbH Deutschland, ein Teil von Springer Nature 2022
T. S. Samrowski, *Matherätsel (nicht nur) für Begabte der Klassen 4 bis 6,*
https://doi.org/10.1007/978-3-662-64015-9

149

Mazza, Fabrice. 20117. *Enigma 2: Das neue Buch der Rätsel*. München: Bassermann Verlag.

Nikolenkov, Dima. 2007. *Mathe mal anders*. St. Gallen: Wilhelm Surbir Verlag.

Noack, B., und H. Titze. 1982. *Olympiade-Aufgaben für junge Mathematiker*. Hannover: Aulis-Verlag.

Noack, M.,R. Geretschläger, und H. Stocker. 2012. *Mathe mit dem Känguru. Die schönsten Aufgaben von 1995 bis 2005*. München: Hanser.

Noack, M.,R. Geretschläger, und H. Stocker. 2011. *Mathe mit dem Känguru. Die schönsten Aufgaben von 2006 bis 2008*. München: Hanser.

Noack, M., A. Unger, R. Geretschläger, und H. Stocker. 2012. *Mathe mit dem Känguru. Die schönsten Aufgaben von 2009 bis 2011*. München: Hanser.

Noack, M., A. Unger, R. Geretschläger, und H. Stocker. 2015. *Mathe mit dem Känguru. Die schönsten Aufgaben von 2012 bis 2014*. München: Hanser.

Noack, M., A. Unger, R. Geretschläger, und M. Akveld. 2020. *Mathe mit dem Känguru. Die schönsten Aufgaben von 2015 bis 2019*. München: Hanser.

Ryder, Stephen P., Hrsg. 2010. *Logical puzzles. Hours of brain-challenging fun!* New York: Alpha.

Ryder, Stephen P., Hrsg. 2012. *Logical puzzles. Volumen 2. Even more hours of brain-challenging fun!* New York: Alpha.

Ryder, Stephen P., Hrsg. 2016. *Logical puzzles. Volumen 3. Still more hours of brain-challenging fun!* New York: Alpha.

Ryder, Stephen P., Hrsg. 2015. *Fiendish logical puzzles. Hours of brain-challenging fun!* New York: Alpha.

Sprecht, Eckard, und R. Strich. 2009. *Geometria – scientiae atlantis 1*. Halberstadt: Koch-Druck.

Delft, Van, and Pieter, und J. Botermans. . 1979. *Denkspiele der Welt*. München: Wilhelm Heyne Verlag.

Janice, VanCleave's. 1994. *Geometry for every kid*. San-Francisco: Jossey-Bass Verlag.

Printed in the United States
by Baker & Taylor Publisher Services